Edgardo Roggero

Reconstrucción Eficiente de Accidentes de Tránsito

Edgardo Roggero

Reconstrucción Eficiente de Accidentes de Tránsito

Innovación tecnológica para una investigación forense más precisa

Editorial Académica Española

Publisher:
Editorial Académica Española
is a trademark of
Dodo Books Indian Ocean Ltd. and OmniScriptum S.R.L publishing group

120 High Road, East Finchley, London, N2 9ED, United Kingdom
Str. Armeneasca 28/1, office 1, Chisinau MD-2012, Republic of Moldova, Europe
Printed at: see last page
ISBN: 978-613-9-40851-1

Reconstrucción Eficiente de Accidentes de Tránsito

Innovación tecnológica
para una investigación forense más precisa

Edgardo Roggero

A Sonia, mi compañera de vida
y madre maravillosa de nuestros hijos.

PROLOGO

La esencia de este libro se remonta a mis inicios en una empresa dedicada al diseño de máquinas y estructuras, mientras simultáneamente cursaba la carrera de ingeniería. A medida que avanzaba en mis estudios, descubrí el apasionante campo de la optimización de sistemas, una disciplina que conocí gracias a un docente que había desempeñado un papel protagónico en el desarrollo de la icónica aeronave supersónica Concorde.

Este descubrimiento transformó mi enfoque profesional. Me preguntaba cómo había podido diseñar sin conocer estas técnicas avanzadas, y esta reflexión cambió radicalmente mi perspectiva: pasé de crear diseños simplemente viables a desarrollar soluciones verdaderamente optimizadas. La optimización me cautivó desde el primer momento, y me centré en técnicas discretas, un área que, gracias al creciente poder de las computadoras, ofrecía nuevas e impresionantes posibilidades.

Al combinar estos principios de optimización con mi experiencia en el campo aeroespacial y la reconstrucción forense, he desarrollado una metodología que transforma la reconstrucción de accidentes. Esta metodología permite a los profesionales validar de manera precisa sus hipótesis sobre el desarrollo del accidente, asegurando que los parámetros asociados sean técnicamente sólidos e indiscutibles. Como resultado, se fortalece la presentación de pruebas, contribuyendo a un sistema de justicia más equitativo y eficiente, con conclusiones respaldadas por fundamentos matemáticos sólidos.

Este libro presenta una metodología rigurosa y sistemática para la reconstrucción de accidentes, ofreciendo una herramienta valiosa tanto para profesionales como para aquellos interesados en el análisis forense de accidentes de tránsito.

A lo largo de estas páginas, el lector encontrará no solo una descripción teórica, sino también un caso de estudio para facilitar la comprensión y aplicación de la metodología presentada. El objetivo primario, es que esta obra no solo sirva como un recurso de consulta, sino que se convierta en un compañero constante para quienes buscan desentrañar la verdad detrás de cada accidente.

Esperamos que este esfuerzo, que integra teoría y práctica, sirva de guía para profesionales, estudiantes y cualquier persona interesada en el fascinante y crucial campo de la reconstrucción de accidentes de tránsito.

INDICE

1

INTRODUCCIÓN

1.1   General

Los métodos tradicionales de reconstrucción de accidentes, a pesar de su utilidad, presentan ciertas limitaciones. Para superarlas, esta obra propone una metodología innovadora, destacada por su enfoque holístico, su simplicidad y precisión. Al combinar la experiencia del experto con modelos matemáticos simples, se obtiene una representación realista y fundamentada científicamente del evento sin necesidad de complejos programas, eficientizando el proceso de reconstrucción de accidentes en términos de calidad de los resultados versus recursos invertidos.

1.2   Definiciones

Accidente de tránsito: Un accidente de tránsito es un evento imprevisto que normalmente ocurre en la vía pública, involucrando al menos a un vehículo y provocando daños materiales, lesiones o incluso la pérdida de vidas. La etiología de los accidentes de tránsito es multifactorial y pueden atribuirse a factores humanos, vehiculares y ambientales, actuando en forma aislada o combinada.

Reconstrucción de un Accidente de Tránsito: La reconstrucción de un accidente de tránsito, es un proceso científico que implica un análisis exhaustivo de las evidencias físicas y testimoniales para determinar la secuencia de eventos, identificar las causas subyacentes del siniestro y evaluar la responsabilidad de cada parte involucrada. Mediante la aplicación de principios físicos y matemáticos, se busca recrear de manera objetiva lo sucedido.

Experto: en este texto se denominará de este modo al responsable de realizar la reconstrucción del accidente de tránsito.

Parte Interesada: así se denominará a quien solicita y financia la reconstrucción del accidente, a ser realizada por el experto.

1.3   Principales Aplicaciones

La necesidad de identificar las causas de un accidente de tránsito puede surgir tanto de personas físicas como jurídicas, motivadas por el interés de comprender los factores que realmente contribuyeron a su ocurrencia. Entre ellas se incluyen autoridades, jueces, abogados, entidades públicas, compañías privadas e incluso particulares.

A continuación, se listan las principales aplicaciones que motivan esta necesidad:

- Casos Judiciales de Responsabilidad Civil
  (cuando sólo se producen daños económicos)

- Casos Judiciales de Responsabilidad Penal (generalmente implican lesiones, o en algunos casos, el fallecimiento de personas)

- La Mejora de los Estándares de Calidad/Seguridad (suelen ser requeridos por compañías automotrices y/o por instituciones afines a estos temas)

- El Simple Conocimiento de los Hechos (típicamente requerido por particulares)

1.4   Resultados de la Reconstrucción

Cuando se lleva a cabo la reconstrucción de un accidente, la Parte Interesada que solicita el proceso, generalmente espera obtener la siguiente información:

- Cuál ha sido la contribución de cada factor (humano, vehicular y ambiental) en la producción del evento.

- Posiciones y velocidades de los vehículos, así como de otros posibles protagonistas, en cada momento clave de la dinámica del accidente, especialmente al inicio del mismo (ver un ejemplo en la Figura 1.1).

Figura 1.1: Posiciones y Velocidades durante un Accidente

Dependiendo de sus objetivos, las Partes Interesadas también suelen requerir (entre otros):

- Explicación clara de cuál ha sido el origen de cada daño, incluyendo el momento en que ocurrió (antes, durante o después del accidente). Si los daños ocurrieron durante el accidente, se debe identificar el momento específico en el que se produjeron dentro de su secuencia de eventos (ver Figura 1.2).

- Descripción de la estrategia de manejo del conductor.

- Bajo qué condiciones podría haberse evitado el accidente o minimizado sus consecuencias.

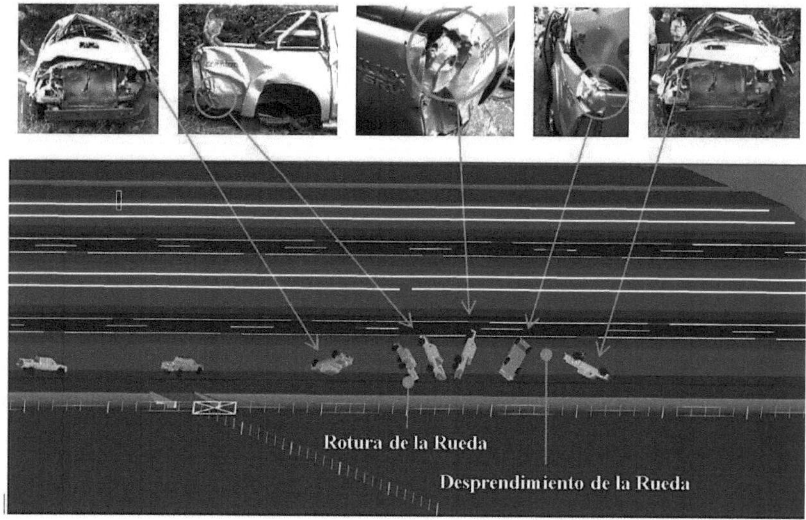

Figura 1.2: Correlación entre Posiciones y Daños del Vehículo

1.5   Niveles de Reconstrucción

La reconstrucción de un accidente de tránsito será tanto más representativa de los hechos realmente sucedidos cuanto más profundos y detallados sean los estudios realizados. Por ello la calidad de una reconstrucción es función de tres parámetros principales:

- Calidad y volumen de información disponible sobre el accidente a analizar.

- Habilidad, experiencia y dedicación del profesional encargado de la reconstrucción.

- Calidad y cantidad de recursos/medios utilizados (incluyendo herramientas computacionales como software de reconstrucción de accidentes de tránsito o programas de elementos finitos, referencias bibliográficas específicas, entre otros).

En base a estas consideraciones pueden identificarse cuatro niveles de reconstrucción. Cuanto más alto sea su nivel, más preciso y confiable será su ajuste a los hechos realmente sucedidos:

Nivel 1: La reconstrucción se encuentra basada exclusivamente en el criterio y experiencia del Experto (sin realizar ningún tipo de cálculo).

Nivel 2: Se fundamenta en cálculos simples, empleando esencialmente formulaciones originadas en los principios físico matemáticos de conservación de la energía y de la cantidad de movimiento.

Nivel 3: Se emplean cálculos complejos analizando paso a paso la secuencia de daños; utilizando software específico de reconstrucción de accidentes (PC-Crash™, Virtual CRASH entre otros) y también aplicaciones generales aplicadas a temas específicos del caso bajo análisis (por ejemplo, programas basados en técnicas de elementos finitos, entre otros).

Nivel 4: Verificación experimental del caso que se está analizando (típicamente, se basa en repetir algún evento del accidente para validar una hipótesis, confirmar algún dato y/o establecer alguna conclusión).

Finalmente, es importante destacar que la clasificación descripta, está estrechamente vinculada con el costo y el esfuerzo invertido en la reconstrucción. Aunque la reconstrucción ha sido dividida en cuatro niveles, estos no son compartimentos estancos; un caso específico puede requerir elementos de más de un nivel, dependiendo de sus necesidades.

2

PROCESO DE RECONSTRUCCIÓN

2.1 Descripción Sintética del Proceso

La reconstrucción de un accidente de tránsito busca responder, de manera precisa y objetiva, tres preguntas fundamentales (mediante un análisis técnico y cronológico riguroso de la información disponible). Estos interrogantes son:

a) ¿Qué sucedió?
b) ¿Como Sucedió?
c) ¿Por qué Sucedió?

La respuesta a los mismos será tanto más precisa, detallada y confiable, cuanto más alto sea el Nivel de Reconstrucción utilizado.

Si bien, la metodología descrita en esta obra aborda los tres interrogantes, el objetivo principal del libro es presentar un enfoque matemáticamente fundamentado que permita establecer de manera científica qué ocurrió y cómo se desarrollaron los eventos durante el accidente, dada su extensión, no se abordará en detalle la forma de determinar cuáles fueron las causas subyacentes del siniestro.

En la Figura 2.1 se presenta un diagrama de flujo que sintetiza la secuencia e interrelación de pasos recomendada para realizar la reconstrucción eficiente de un accidente de tránsito de Nivel 2. Se ha elegido este nivel debido a que la calidad de sus conclusiones resulta ser suficiente para resolver la gran mayoría de los casos prácticos, y porque maximiza la relación: *calidad de los resultados / recursos invertidos.* Destacándose que los resultados obtenidos no se verán alterados si se utilizaran niveles superiores de reconstrucción, tan solo se dispondría de información complementaria y/o un mayor grado de detalle.

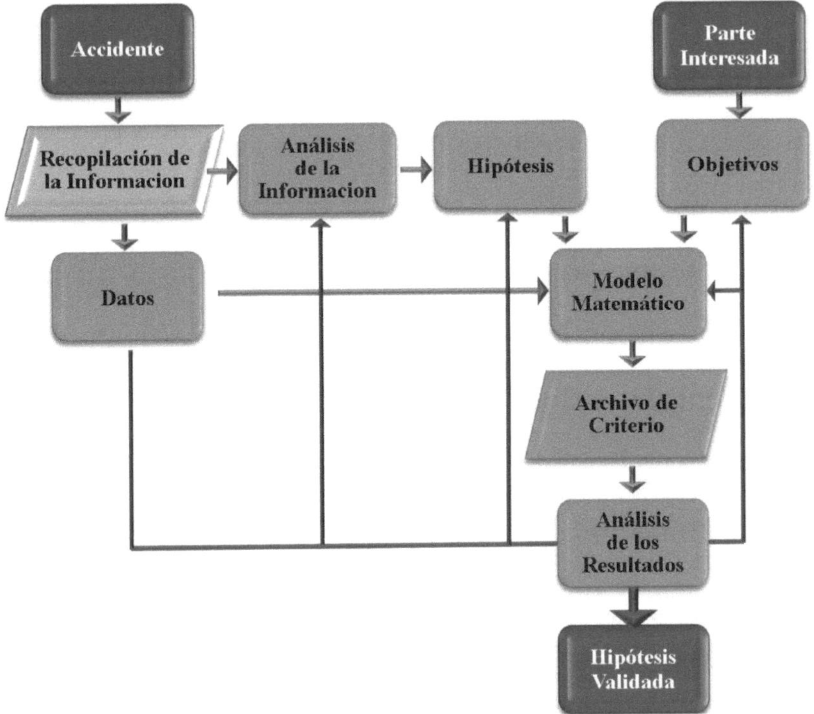

Figura 2.1: Proceso de Reconstrucción

Como se observa en la figura, luego del accidente, el experto debe recopilar toda la información accesible con la mayor prontitud posible a fin de evitar pérdidas o degradaciones de la misma. Posteriormente, debe analizarla para estar en condiciones de formular una hipótesis, que sea capaz de explicar cómo se produjo el accidente.

En el sector superior la Figura se observa una casilla denominada Parte Interesada, la cual representa al solicitante de la reconstrucción (Juez, Abogado, Empresa, Institución, etc.) y consecuentemente es quien define y/o propone los objetivos de la misma. Estos describen lo que desea conocer específicamente, por ejemplo: velocidades, trayectorias, instante de la dinámica en la cual se produce algún daño, etc. Durante la formulación de la hipótesis, el experto - condicionado por quien requiere sus servicios - debe considerar estos objetivos, los cuales usualmente se encuentran asociados a las preguntas que debe responder en el expediente judicial en el que se tramita el accidente.

Para poder validar la hipótesis y alcanzar los objetivos planteados, el experto debe crear un modelo matemático, el cual debe ser alimentado con los datos disponibles a fin de obtener los valores de cada parámetro de interés.

Este modelo matemático, al ser resuelto, proporciona un conjunto de soluciones factibles que se presentan ordenadas en el "Archivo de Criterio". Estas soluciones factibles se ordenan desde la supuestamente mejor hasta la supuestamente peor, según el criterio que haya establecido el experto. Estas soluciones son analizadas y si resultan completamente consistentes con la información disponible, la hipótesis será aceptada como la más probable explicación de los hechos. De lo contrario, deberá ser descartada o al menos reformulada, reiniciándose un nuevo ciclo desde el punto que se estime más apropiado (por ejemplo, requiriendo datos adicionales o más precisos; analizando dicha información desde otro enfoque, redefiniendo los parámetros de interés, las hipótesis, los objetivos y/o el modelo matemático. Este proceso iterativo concluye al identificar la hipótesis que explica todos los eventos del accidente, y es consistente con toda la información disponible, puede entonces afirmarse que esta hipótesis ha sido validada.

2.2   Recopilación de la Información

2.2.1 Organización de la Información

Para una mejor organización de la información durante la reconstrucción de un accidente de tránsito, resulta conveniente emplear una Matriz de Haddon específicamente diseñada para este propósito. Dicha matriz se compone de filas que representan los factores involucrados, y columnas que indican los momentos en los que se deben analizar estos factores. Siendo los tres factores fundamentales: el Humano, el Vehicular, y el Ambiental, estos factores deben ser analizados en tres períodos específicos: Antes del Accidente, Durante el Accidente y Luego del Accidente.

		PERIODO DE EVALUACION		
		Anterior al Accidente	Durante el Accidente	Posterior al Accidente
FACTOR	Humano	A	B	C
	Vehicular	D	E	F
	Ambiental	G	H	I

Tabla 2.1: Matriz de Haddon

La asociación entre los factores y períodos mencionados da lugar a nueve combinaciones distintas, las cuales se presentan coloreadas en la Tabla 1.1. Cuanto más oscuro es el tono, mayor es su relevancia en el proceso de reconstrucción, lo que implica que se debe realizar un mayor esfuerzo para identificar de manera precisa y detallada la correspondiente información.

A continuación, se ejemplifica el tipo de información que debería ser recopilada en cada casilla:

A. Experiencia de manejo de el o los conductores, inteligencia, salud, fatiga, tiempo de manejo, consumo de alcohol, infracciones de tránsito, estrategia de manejo, etc.

B. Habilidad para percibir peligros potenciales, habilidad para definir la táctica de evasión, como actuó en concreto durante el accidente, etc.

C. Evaluación del estado del conductor, testigos y pasajeros luego del accidente a fin valorar sus testimonios, sus lesiones, grado de alcoholemia, etc.

D. Estado del vehículo previo al accidente, antigüedad, falta de mantenimiento, ruedas desgastadas, luces en mal estado, daños mecánicos, etc.

E. Daños producidos durante el accidente, tanto en su mecánica como en su carrocería, rayones/marcas, restos de pastos, pérdida de fluidos, etc.

F. Evaluación del estado del vehículo luego del accidente a fin contar con información objetiva, estado de conservación del vehículo con posterioridad al evento, etc.

G. Estado de la ruta/calzada antes del accidente, señalización, visibilidad, iluminación, monotonía, transito, pozos, etc.

H. Condiciones atmosféricas, estado de la ruta, señalización, tránsito, objetos en la ruta, estado de las banquinas, pendientes, etc.

I. Evaluación de los cambios en el medio ambiente a fin de compatibilizarlos con los existentes en el momento del accidente, etc.

2.2.2 Fuentes de Información

Para completar dicha matriz, se dispone de Fuentes de Información que pueden clasificarse en tres categorías según su origen; Externas (información específica del caso bajo análisis que no es generada por quien realiza la reconstrucción); Internas (es la que el experto recopila personalmente) y General (es la que proviene de referencias bibliográficas pertinentes, tanto especializada como genérica).

- <u>Fuentes Externas</u>
Entre ellas se encuentran:

• Croquis/pericias de la Autoridad Competente

• Croquis/pericias/informes de otros Peritos

• Fotografías y/o Videos del Accidente (lugares, estado y posiciones de los vehículos, etc.)

• Declaraciones de las Personas Involucradas (conductores, pasajeros, testigos)

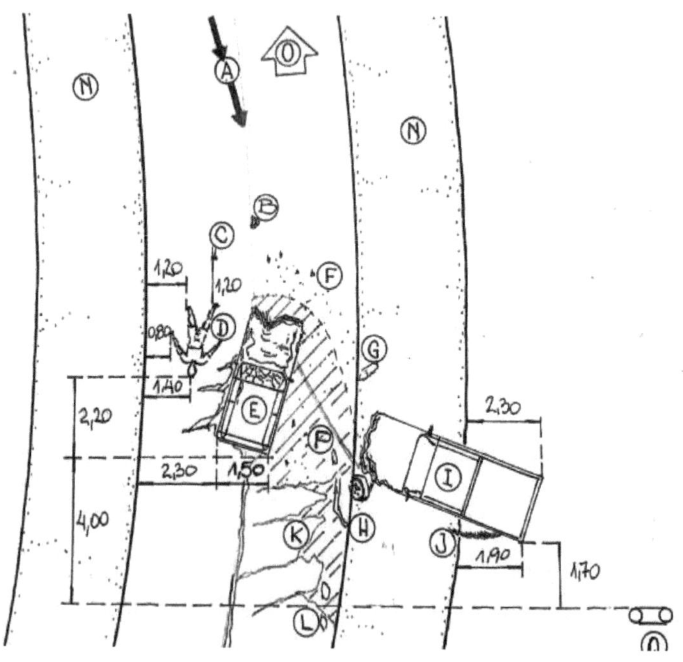

A. Flecha que indica sentido de circulación y trayectoria del automóvil
B. Resto de lámina del polarizado.
C. Apoyacabeza.
D. Cuerpo sin vida de quien se llamaba Selin Pablo Salma.
E. Automóvil marca: Toyota, modelo: Etios.
F. Resto de acrílicos y vidrios trisados.
G. Resto de acrílicos.
H. Resto de paragolpe de la camioneta.
I. Camioneta marca: Fiat, modelo: Toro
J. Huella de arrastre de rueda trasera izquierda de la camioneta.
K. Sector rayado de color verde, representando mancha de s/aceite.
L. Resto de ópticas.
M. Flechas que indican sentido de circulación de la camioneta
N. Banquinas.
O. Flechas que indican sentido de circulación de la arteria.
P. Huella de efracción, imprimida por las partes bajas de la camioneta.
Q. Postes de cemento dobles, del tendido eléctrico con la inscripción C.

Figura 2.2 – Ejemplo de Croquis Policial con sus Referencias

Los croquis/pericias de autoridad competente son piezas clave para la definición de trayectorias, velocidades y de los eventuales responsables, pero condicionan y/o complican la realización de un análisis apropiado, en particular si presentan una o más de las siguientes características:

- ✓ Falta de precisión
- ✓ Carencia de escalas
- ✓ Ausencia de medidas y/o datos importantes
- ✓ Información incorrecta y/o contradictoria

A pesar de estas limitaciones, el croquis policial tiene la utilidad de servir de base (al ser complementados por el resto de evidencia como fotografías, declaraciones, etc.) para la construcción de hipótesis que confirmen o desvirtúen las versiones de los implicados y/o testigos con miras identificar las características primarias del accidente en base a información consistente y verificable.

- <u>Fuentes Internas</u>

Entre ellas se encuentran la información obtenida mediante:

- La inspección ocular los Vehículos
- La inspección ocular del Lugar del Accidente
- Otros elementos de interés

A menos que existan fuertes limitaciones, el experto visitará el sitio del accidente para hacer un análisis forense del medio ambiente. También - de resultar posible - inspeccionará los vehículos para identificar los daños sufridos por las unidades. Es en estas actividades, donde el experto necesita actuar eficientemente, habida cuenta que tanto el medio ambiente como los vehículos pudieron haber cambiado o eventualmente haber sido adulterados desde el momento del accidente. Estas inspecciones también permiten validar y/o poner en evidencia errores u omisiones en la información obtenida de las fuentes externas.

El contraste entre las siguientes fotografías evidencia las modificaciones que experimentó un vehículo desde el momento del impacto hasta la inspección de los peritos.

Fotografías 2.1: Diferencias en la Parte Frontal entre el Momento del Accidente y la Inspección Ocular

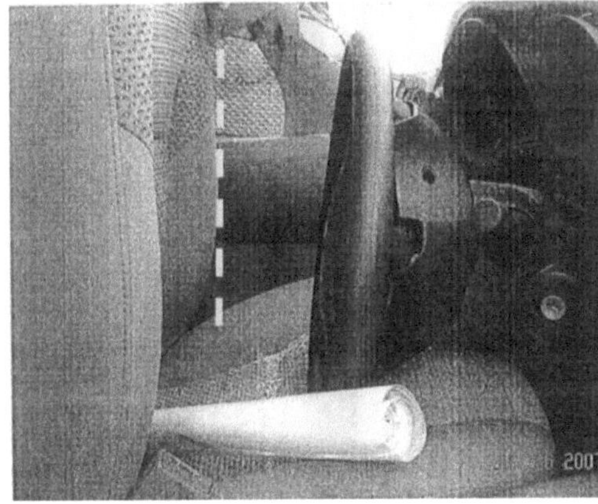

Fotografías 2.2: Diferencias en la Posición del Respaldo entre el Momento del Accidente y la Inspección del Vehículo

Fotografías 2.3: Diferencias en las Puertas Izquierdas entre el Momento del Accidente y la Inspección del Vehículo

Fotografía 2.4: Cartel de Velocidad Máxima
(omitido en la Información Externa)

- <u>Fuente General</u>

  • Bibliografía Especializada

  • Bibliografía Genérica

  • Todo otro material de interés

En este punto se considerará toda la información bibliográfica relevante para llevar a cabo la reconstrucción del accidente. Entre la bibliografía especializada se incluyen los Manuales de Reconstrucción de Accidentes de Tránsito, normativas y artículos científicos aplicables al caso en estudio.

En cuanto a las fuentes genéricas, destacan los textos de física que abordan los principios de conservación de la cantidad de movimiento y de la energía. Además, dependiendo del caso analizado, puede ser necesario recurrir a bibliografía específica o genérica que aplique a detalles particulares, como manuales de fractomecánica, estudios sobre el impacto del alcohol en la conducción, entre muchas otras fuentes que el experto debe consultar para cumplir adecuadamente su cometido.

2.3   Análisis de la Información

El experto en reconstrucción de accidentes analizará y organizará meticulosamente toda la información recopilada sobre el caso. Esto incluye fotografías y/o videos de la escena de la colisión, informes policiales, declaraciones de las partes involucradas y de los testigos, informes periciales, el estado de los vehículos tras el impacto, características del lugar del accidente, informes médicos, y cualquier otro dato relevante para el análisis.

Durante este proceso, el experto estructurará la información, buscando patrones, identificando posibles inconsistencias o contradicciones, y evaluando cada elemento con un enfoque crítico.

Este análisis detallado, no solo le permitirá comprender mejor los hechos, sino que también le brindará las bases para formular una hipótesis sólida que describa cómo pudo haberse desarrollado el accidente.

2.4 Hipótesis

Una vez completado el análisis descripto, el especialista se enfocará en integrar todas las piezas de información obtenidas antes, durante y después de la colisión para comprender la dinámica del accidente de manera integral. Este proceso le permitirá identificar los posibles factores causales que contribuyeron al suceso. A partir de esta evaluación, el experto procederá a formular diversas hipótesis que, en su opinión profesional, pueden explicar las diferentes versiones del accidente, dado que es común que las partes involucradas presenten relatos contradictorios. Estas hipótesis suelen consistir en una descripción detallada de la secuencia de eventos, desde los momentos previos hasta el desarrollo del accidente y deben ser coherentes teniendo en cuenta todas las pruebas disponibles, tales como los daños en los vehículos, las condiciones de la vía pública, las velocidades estimadas y el comportamiento de los conductores.

Cada hipótesis será posteriormente procesada, permitiendo al experto evaluar su grado de validez y explicar a las partes interesadas la solidez de cada una. Esta interpretación estará respaldada por principios científicos objetivos e indiscutibles, obteniéndose al finalizar el proceso propuesto, una visión clara y fundamentada del accidente.

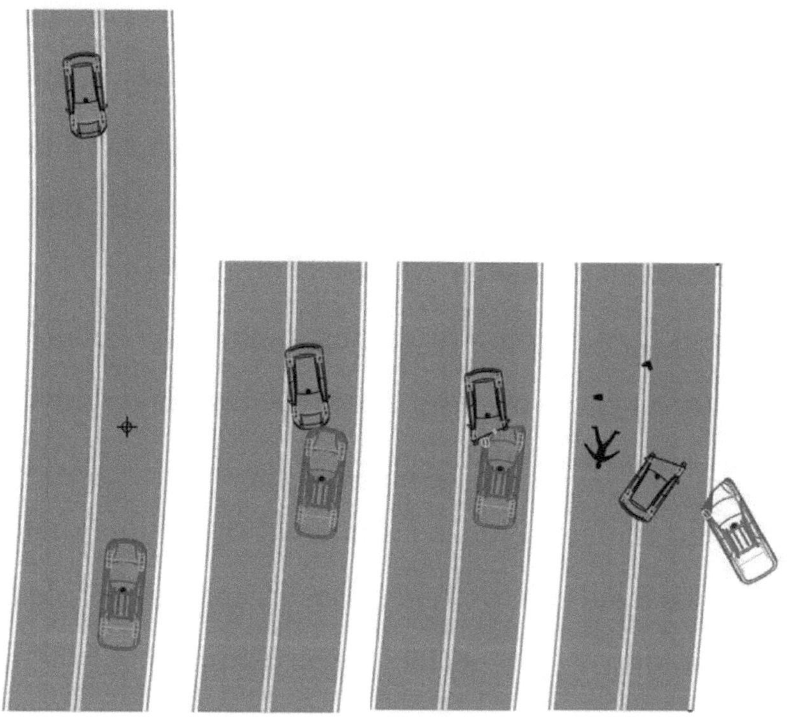

Figura 2.3: Ejemplo de la Secuencia de Eventos de una Hipótesis

2.5   Modelo Matemático

Con base en las hipótesis formuladas y los objetivos definidos por la parte interesada, el experto procederá a desarrollar un modelo matemático que los represente, el cual estará compuesto por un conjunto de ecuaciones que describen la dinámica del accidente según la hipótesis planteada, basadas especialmente en los principios de conservación de la energía y de la cantidad de movimiento, y complementadas por ecuaciones de la dinámica y cinemática de los cuerpos, entre otros.

Sin embargo, como es bien sabido por los especialistas en reconstrucción de accidentes de tránsito, rara vez se conocen con precisión los valores de todas las variables involucradas. Además, estos modelos matemáticos suelen tener más variables que ecuaciones, lo que generalmente conduce a soluciones múltiples o indeterminadas, añadiendo complejidad al proceso y exigiendo un tratamiento riguroso que la metodología propuesta permite resolver.

En la solución convencional, el experto aborda este inconveniente asignando valores estimados a algunas de las variables, con el objetivo de obtener un sistema de ecuaciones determinado (donde la cantidad de ecuaciones es igual que el número de incógnitas). Sin embargo, esta estrategia queda a merced del criterio de cada experto, lo que puede llevar a una solución con un riesgo considerable de no ajustarse a la realidad y/o de ser inconsistente.

Para subsanar este inconveniente con rigurosidad científica se ha desarrollado la metodología que ha motivado la escritura esta obra, la cual, a diferencia del enfoque convencional, no asigna valores estimados a algunas de las incógnitas, sino que adiciona una ecuación (funcional) a maximizar o minimizar según corresponda al caso a resolver.

Los detalles sobre el planteamiento y la implementación de esta metodología se encuentran descriptos en los Capítulos 3 y 4.

2.6 Archivo de Criterio

A través de la metodología propuesta se procede a resolver el modelo matemático, identificando todas las soluciones factibles, las cuales se almacenan en un archivo. Posteriormente, dichas soluciones se ordenan de mejor a peor según el criterio definido por el experto, y plasmado matemáticamente en el funcional.

Este archivo, denominado "Archivo de Criterio", servirá como base para identificar la solución más adecuada, garantizando que sea consistente con la información disponible.

2.7 Análisis de los Resultados

La información contenida en el Archivo de Criterio será analizada por el experto, considerando todas aquellas circunstancias que el modelo matemático no refleja, ya sea debido a sus limitaciones inherentes o porque no fueron contempladas en el análisis inicial.

Una vez analizado el Archivo de Criterio el experto deberá tomar una decisión, basada en el siguiente criterio: cuando los resultados resulten completamente consistentes con la información disponible y el criterio del experto, la hipótesis será aceptada como la más probable explicación de los hechos; de lo contrario, deberá ser descartada o al menos reformulada, reiniciándose un nuevo ciclo desde el punto que se estime más apropiado (por ejemplo, requiriendo datos adicionales o más precisos; analizando dicha información desde otro enfoque, redefiniendo los parámetros de interés, las hipótesis, los objetivos y/o el modelo matemático). A esta decisión se la denomina Decisión Satisfactoria.

Para ilustrar una posible Decisión Satisfactoria, supongamos que el experto observara que los coeficientes de fricción entre el vehículo y el pavimento son inusualmente bajos. En este caso, podría inferir que el pavimento estaba mojado o contaminado con aceite en el momento del accidente. Para confirmar esta hipótesis, consultará los registros meteorológicos, entrevistará a los testigos y/o realizará mediciones in situ de los coeficientes de fricción, en lugar de basarse únicamente en valores bibliográficos.

2.8   Hipótesis Validada

El proceso descrito en el punto anterior se repetirá de manera iterativa hasta encontrar una solución en la que los parámetros utilizados - tras un adecuado proceso de convergencia - sean totalmente consistentes con la evidencia disponible y el criterio del experto. De este modo, se confirmará la hipótesis planteada y se obtendrán los valores de los parámetros buscados. Puede entonces afirmarse, que la hipótesis ha sido validada y que se ha obtenido una solución que constituye una excelente y confiable representación de los hechos ocurridos durante el accidente. Esta solución debe ser documentada minuciosamente y será incluida en los correspondientes informes periciales.

3

DEL MODELO MATEMÁTICO AL ANÁLISIS DE RESULTADOS

3.1 Introducción

Este capítulo describe la implementación computacional del Modelo Matemático para obtener el espacio de soluciones factibles, el cual será estructurado en el Archivo de Criterio. Posteriormente se procederá al Análisis de los Resultados contenidos en este archivo. En la Figura 3.1 se han resaltado los tres bloques tratados en este capítulo.

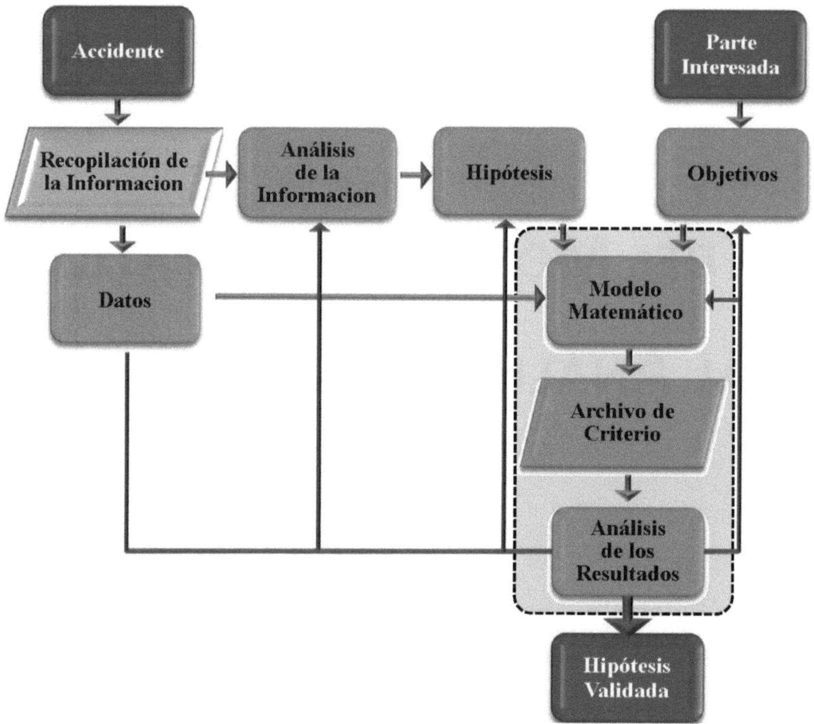

Figura 3.1: Proceso de Reconstrucción
(bloques tratados en este capítulo)

3.2 Modelo Matemático

Estará constituido por un conjunto de ecuaciones representativas de la dinámica del accidente, junto con una ecuación funcional a ser maximizada o minimizada. La resolución de este tipo de modelos es análoga a la de un problema de optimización multivariable con restricciones.

3.2.1 Limitaciones de la Solución Analítica

Si bien, desde un punto de vista teórico la solución analítica del modelo matemático es una alternativa válida, en la práctica, y especialmente en la reconstrucción de accidentes de tránsito, presenta una serie de limitaciones significativas:

- La optimización en estos casos usualmente implica resolver sistemas de ecuaciones no lineales que incluyen funciones trigonométricas.

- La resolución analítica de estos sistemas requiere abordar sistemas de ecuaciones diferenciales no lineales, lo cual solo es viable mediante métodos numéricos, que a menudo presentan problemas de convergencia.

- Las ecuaciones (funciones) deben ser continuas y derivables lo cual no siempre es el caso de las variables involucradas en la reconstrucción de un accidente, donde ocasionalmente algunas de las variables se presentan en saltos discretos.

- Las soluciones obtenidas analíticamente tampoco expresan claramente la sensibilidad del resultado a variaciones en su entorno.

Por ejemplo, al resolver analíticamente un problema univariable para los funcionales A y B, se obtiene que el valor mínimo de cada uno es 2, el cual se logra cuando la variable independiente toma el valor de 0, Es decir, si bien ambos funcionales tienen los mismos valores, se observa que los entornos alrededor del mínimo son significativamente diferentes. Como las soluciones analíticas no brindan información sobre esos entornos debemos recurrir a las soluciones discretas.

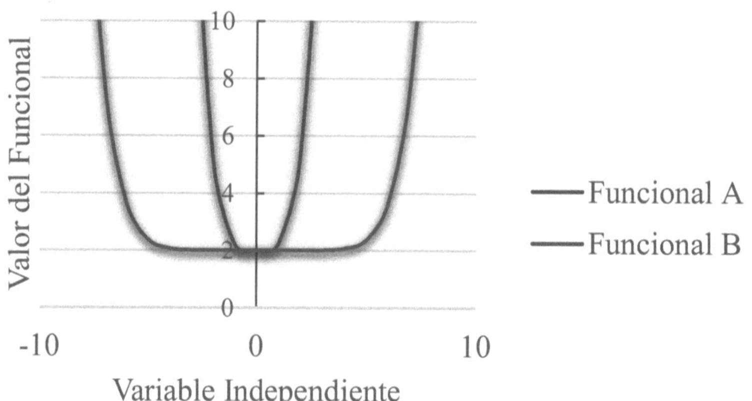

Figura 3.2: Entornos alrededor del Punto Optimo

3.2.2 Solución Discreta

Debido a las limitaciones de la optimización analítica surge como mejor alternativa resolver el modelo matemático mediante un proceso particular de optimización discreta. Este enfoque no solo permite identificar el punto óptimo, sino que también proporciona información sobre su entorno.

Por ejemplo, en la Figura 3.3 se observan los resultados discretizados de los funcionales presentes en la Figura 3.2.

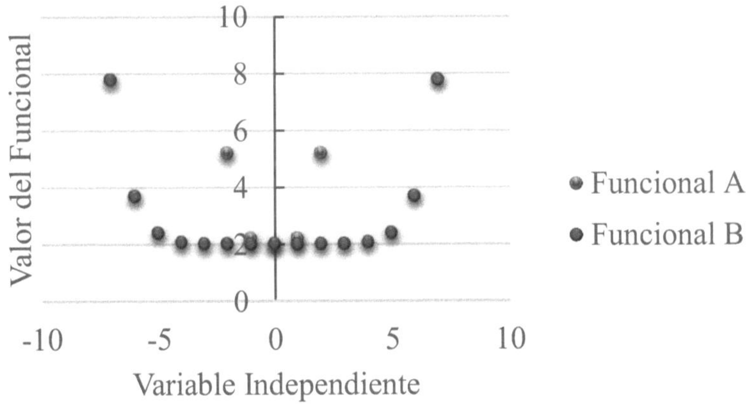

Figura 3.3: Entornos alrededor del Punto Optimo

En esta figura se puede observar claramente que el valor mínimo del funcional B se mantiene prácticamente estable entre -4 y +4, mientras que, en el funcional A, el óptimo varía considerablemente fuera del rango de -1 a +1. Esta capacidad de analizar el entorno proporciona una mayor versatilidad para definir la solución factible que mejor se ajuste a la información disponible en cada caso a resolver.

La principal ventaja del tratamiento discreto, tal como se propone en este texto, radica en su capacidad para generar no solo una, sino un conjunto de soluciones factibles. Al estar compiladas de manera ordenada en el Archivo de Criterio, estas soluciones permiten que el experto pueda analizarlas en forma muy simple, y tomar una decisión satisfactoria, fundamentada en una combinación de los resultados matemáticos y su criterio profesional. A través de este proceso iterativo, el experto podrá determinar con un alto grado de certeza cómo se desarrollaron los hechos.

3.3 Implementación

3.3.1 Definiciones

- En el modelo matemático se emplearán las definiciones siguientes:

  X: Variables de Diseño o Independientes (son aquellas serán variadas dentro de un cierto Rango preestablecido)

  Y: Variables Dependientes (son determinadas a partir de las de variables de Diseño)

  Z: Funcional (representa la ecuación que será maximizada o minimizada, según haya definido el experto)

- El modelo matemático estará constituido por:

$$\begin{cases} \text{Sistema de Ecuaciones:} & Y = f(X) \\ \text{Funcional:} & Z = f(X, Y)\ \text{Max o Min} \end{cases}$$

- El modelo matemático será resuelto en base a la metodología propuesta en los puntos subsiguientes.

3.3.2 Preparación para la Resolución

Es importante destacar que no existe una única forma de plantear el modelo matemático de un accidente en particular, ya que las variables de diseño a considerar dependerán del criterio del experto. En un caso extremo, se podrían tratar todos los parámetros de interés como variables de diseño, lo que implicaría incluir las correspondientes condiciones que aseguren la factibilidad de la solución. No obstante, es fundamental remarcar que la solución que mejor explica el accidente será la misma, independientemente de cómo se haya estructurado el modelo matemático en términos de variables de diseño y variables dependientes.

Una vez definido el Modelo Matemático debe procederse de la siguiente manera:

1) Identificar los datos duros, es decir, aquellos sobre los que se tiene absoluta certeza respecto a su valor.

2) Identificar las variables de diseño, las cuales son aquellas cuyo valor no conocemos exactamente ($x_{\#}$).

3) Para cada una de las variables de diseño, se definirá un rango razonable de valores dentro del cual podría encontrarse el valor real, para ello definiremos su valor mínimo ($x_{\#\,min}$) y su valor máximo ($x_{\#\,max}$). Dado que, dentro del proceso iterativo, estas variables de diseño, serán modificadas en forma discreta es necesario especificar su correspondiente paso de variación ($x_{\#\,paso}$).

4) Ordenar las ecuaciones de modo tal que las variables dependientes queden en función de las variables de diseño. En caso de que alguna variable dependiente sea también función de otra variable dependiente, esta última debe ser calculada primero.

5) Generar una o varias condiciones que permitan identificar si la combinación que se está procesando en este ciclo es factible o no.

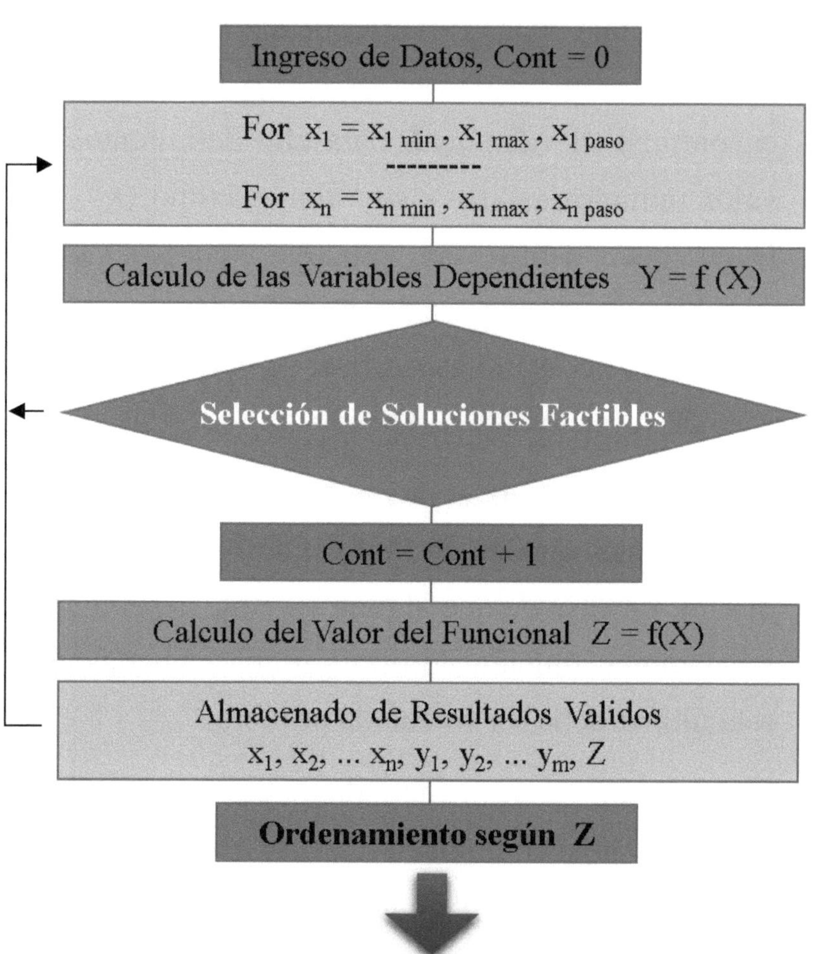

Figura 3.4: Proceso de Resolución

3.3.3 Programación

Con el modelo matemático y la información preparada en el punto anterior, se procederá a desarrollar un programa computacional siguiendo los lineamientos establecidos en la Figura 3.4, en ella pueden visualizarse los siguientes pasos:

1) Se ingresan los datos duros y se resetea el contador de soluciones factibles (Cont).

2) Se programa una estructura de iteración (bucle) donde se computará en cada ciclo cada una de las variables de diseño desde el límite mínimo hasta el límite máximo según el paso prestablecido.

3) Con los datos duros y las variables de diseño, se computarán las variables dependientes.

4) El proceso continúa verificando si la solución obtenida en esta iteración es factible. Si no lo es, se reiniciará el proceso iterativo avanzando un paso en la variable de diseño que corresponda.

5) Si la solución resulta factible, se procede a incrementar en 1 (uno) el contador de soluciones factibles y se calcula el valor del funcional.

6) La solución alcanzada en esta iteración es almacenada en un archivo, en ella se incluyen al menos los valores de todas las variables y del correspondiente funcional. Si esta solución no fuera la última se reiniciará el proceso iterativo avanzando un paso en la variable correspondiente.

7) Una vez que se han computado todas las combinaciones posibles, se ordenan todas las soluciones almacenadas de mejor a peor, según el criterio establecido en el funcional. A este archivo lo denominamos Archivo de Criterio.

3.4   Análisis de los Resultados

El experto procederá a analizar los resultados presentes en archivo de criterio, comenzando por la primera solución de la lista, la cual se presupone la mejor. En este análisis se pondrá especial énfasis en la consistencia de cada solución factible con la información disponible. Cuando esta compatibilidad sea total la solución será aceptada como la más probable explicación de los hechos y consecuentemente la Hipótesis será Validada. De lo contrario, deberá ser descartada o al menos reformulada, reiniciándose un nuevo ciclo desde el punto que el experto estime más apropiado (por ejemplo, requiriendo datos adicionales o más precisos; analizando dicha información desde otro enfoque o redefiniendo: los parámetros de interés, las hipótesis, los objetivos y/o el modelo matemático).

Este proceso iterativo, que busca construir una hipótesis que explique de manera coherente y científica todos los eventos del accidente, debe ser iniciado en las etapas más tempranas de la investigación. A través de sucesivas iteraciones y la constante evaluación de la evidencia, se refinará la hipótesis hasta lograr una explicación sólida y consistente. El proceso concluye cuando se identifica una hipótesis que es consistente con todas las evidencias disponibles y con el criterio imparcial del experto.

4

Caso de Estudio

4.1 Presentación del Caso

Para clarificar el uso de la metodología
presentada en la Figura 2.1, se considerará un caso de
estudio teórico simple, en el que un camión impacta a
una camioneta (pick-up) que se encuentra detenida y
que se interpone en su trayectoria.

4.2 Objetivo

Se asume que la Parte Interesada ha definido que
el objetivo primario en este caso es el de *determinar la
velocidad del camión para conocer si excedía los
límites permitidos*.

4.3   Recopilación de la Información

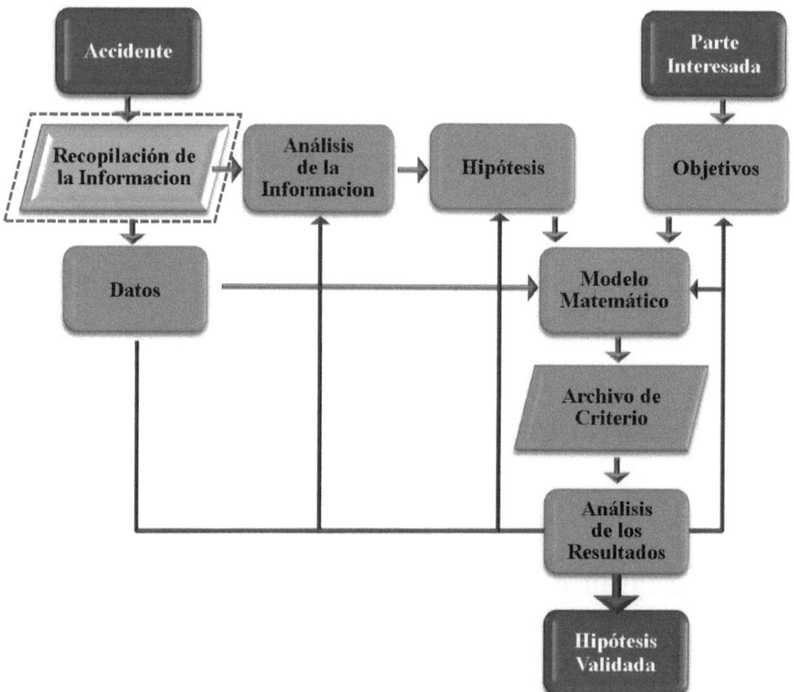

Figura 4.1: Recopilación de la Información

Una vez producido el accidente el experto procederá a recopilar la información de las fuentes externas, internas y generales según se detalla en el Punto 2.2.2.

En este caso de estudio se asume que la información
recopilada ha sido la siguiente:

- de Fuentes Externas:

  • Croquis de la Pericia Policial, en el mismo se
    evidencian las huellas dejadas por los vehículos
    y sus respectivas longitudes.

  • En el expediente judicial existen fotografías de
    ambos vehículos, donde pueden observarse sus
    respectivos daños.

  • En el expediente judicial se encuentran las
    declaraciones de testigos y conductores.

- de Fuentes Internas:

  • El lugar del hecho fue inspeccionado por el
    experto (semanas después del accidente).

  • Los vehículos fueron inspeccionados por el
    experto (semanas después del accidente).

- de Fuentes Generales:

  • Se utilizaron Manuales de Reconstrucción para identificar las formulaciones asociadas a los eventos del accidente y para estimar algunos de los datos relacionados. Además, se consultaron los manuales de usuario de los vehículos para obtener información sobre sus pesos, distancias entre ejes y trochas.

Dado que el objetivo de la presentación de este caso de estudio es explicar de manera simplificada la metodología propuesta y considerando que el objetivo establecido por la Parte Interesada es solamente determinar si la velocidad del camión era excesiva, no resulta necesario completar la matriz de Haddon.

En los casos reales, completar esta matriz ayuda a organizar la información y asegura que no se omita ningún dato relevante, lo cual puede ser crucial para identificar detalles específicos del accidente.

4.4   Análisis de la Información

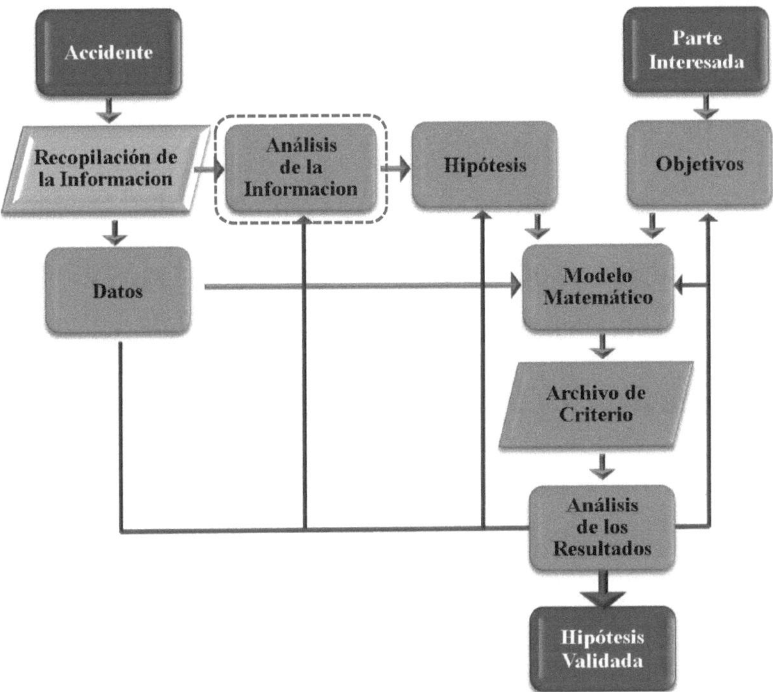

Figura 4.2: Análisis de la Información

En base a la información recopilada en el punto anterior
se procede a su análisis En este caso de estudio se
considerará que han sido obtenidas las siguientes
conclusiones (a ser verificadas en el momento oportuno
de este proceso):

- La distancia entre las huellas más largas del croquis policial corresponde a la trocha de un camión y que este se desplazaba hacia adelante en una trayectoria de frenado.

- La distancia entre las otras huellas del croquis policial corresponde a la distancia entre ejes de una camioneta, lo que indica que se desplazó lateralmente en la misma dirección que el camión.

- La forma recta de las huellas y su paralelismo evidencian que la camioneta fue arrastrada por el camión mientras su velocidad era nula o extremadamente baja.

- Las declaraciones de testigos y conductores son coincidentes al mencionar que la camioneta se encontraba detenida cuando es impactada por el camión y que este frenó antes de impactarla.

- Las declaraciones mencionadas son consistentes con la forma y dirección de las huellas presentes en el expediente judicial.

- Las fotografías del expediente reflejan los mismos daños observados durante la inspección ocular de los vehículos.

- Los daños observados en los vehículos confirman que camión impactó con su parte frontal el lateral izquierdo de la pick-up.

- La inspección del lugar del hecho permitió conocer que el camino es recto y que la calzada es de asfalto, que está en buen estado y que no tiene pendiente alguna (datos útiles al plantear las ecuaciones del modelo matemático).

- Los manuales de reconstrucción permitieron identificar la formulación a ser empleada y los coeficientes típicos de fricción entre rodados y el pavimento.

- Los manuales de usuario permitieron establecer las masas (pesos) de los vehículos involucrados en este accidente.

4.5   Hipótesis

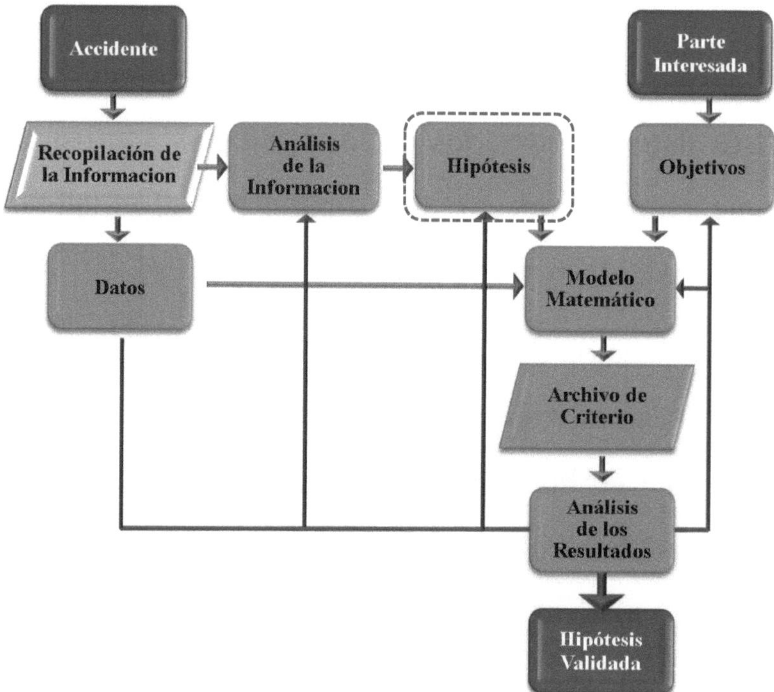

Figura 4.3: Hipótesis

La hipótesis planteada en este caso ha sido la siguiente: *el accidente se ha desarrollado según la secuencia de eventos descriptos a continuación.*

a) Evento 0 – Inicio del Accidente

El conductor del camión advierte que la camioneta se interpone en su camino, por ello comienza a frenar mientras circulaba a la velocidad V_{C0}. Dado que el objetivo es determinar esta velocidad (Punto 4.2), V_{C0} es el parámetro más importante en esta reconstrucción.

Atento a las declaraciones y al resto de la evidencia se considera que la velocidad de la pick-up es 0 (cero), estableciéndose a T_0 como tiempo de inicio de la dinámica del accidente.

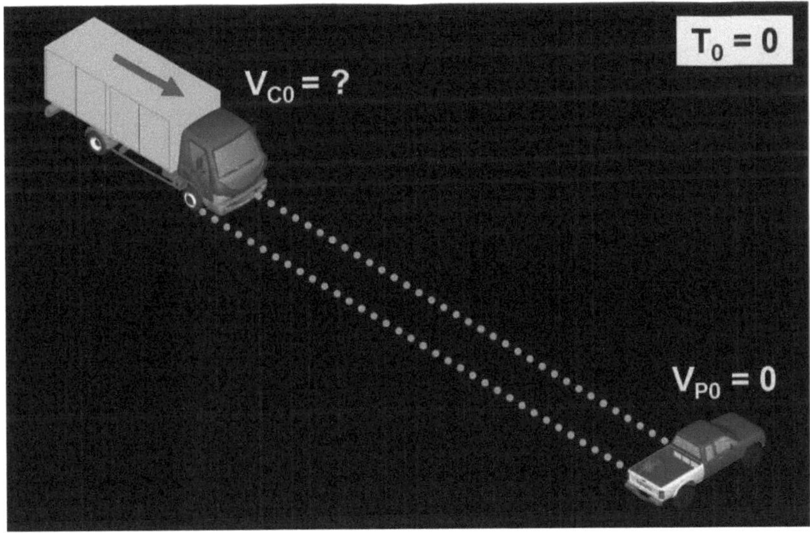

Figura 4.4: T_0 - Inicio del Accidente

b) Evento 0 a 1 – Frenado del Camión

Este evento considera la trayectoria del camión durante el frenado previo al impacto. Esta trayectoria es evidenciada por la huella relevada en la pericia policial.

La velocidad del camión durante esta trayectoria se irá reduciendo hasta el momento del impacto.

La camioneta permanece quieta durante todo este evento que se desarrolla entre los tiempos T_0 y T_1.

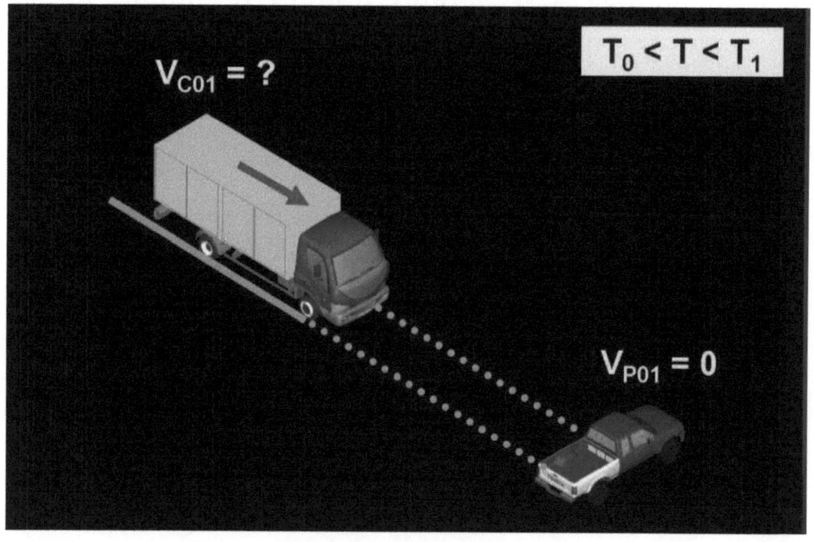

Figura 4.5: $T_0 < T < T_1$ - Frenado del Camión

c) Evento 1 – Impacto

El camión impacta a la pick-up a la velocidad V_{C1}. En ese momento, la camioneta permanecía inmóvil, como lo había estado durante todo el Evento 0 a 1.

Inmediatamente después del impacto, ambos vehículos se acoplan y comienzan a desplazarse juntos a la velocidad V_1.

Se establece que el impacto se produce en el momento denominado T_1.

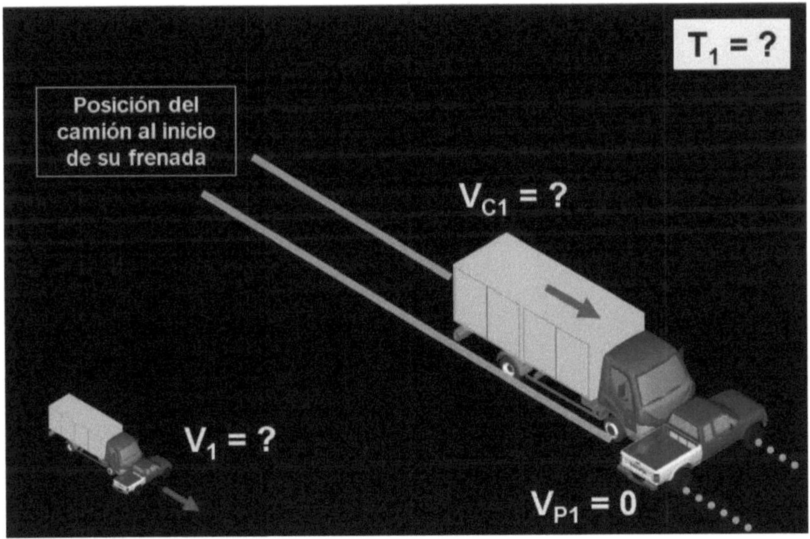

Figura 4.6: T_1 - Momento del Impacto

d) Evento 1 a 2 – El Camión arrastra a la Camioneta

Durante este evento, el camión está frenando y dejando la huella registrada en la pericia policial. A esta huella se le suma la que deja la pick-up debido a su arrastre lateral.

La velocidad de ambos vehículos disminuye gradualmente desde el momento del impacto hasta que se detienen por completo.

Este evento que se desarrolla entre los tiempos T_1 y T_2.

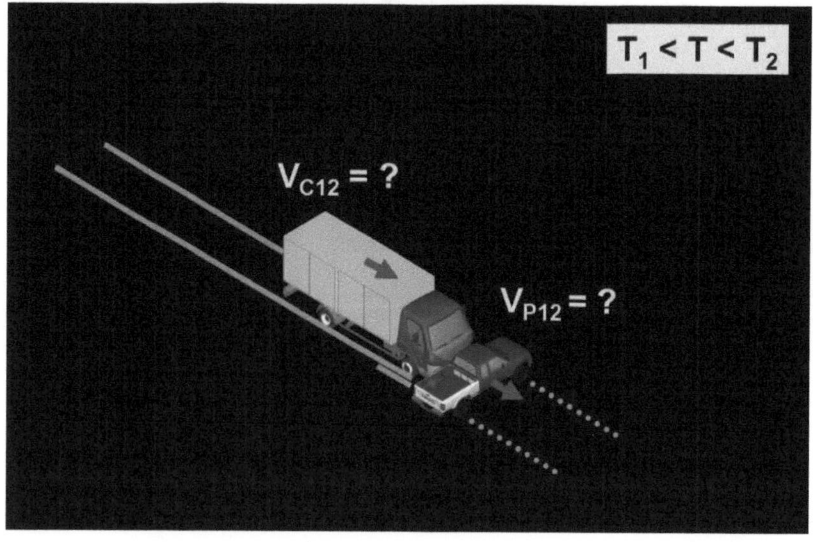

Figura 4.7: $T_1 < T < T_2$ - El Camión arrastra a la Camioneta

e) Evento 2 – Fin del Accidente

Ambos vehículos llegan a la posición final de reposo en
el tiempo denominado T$_2$.

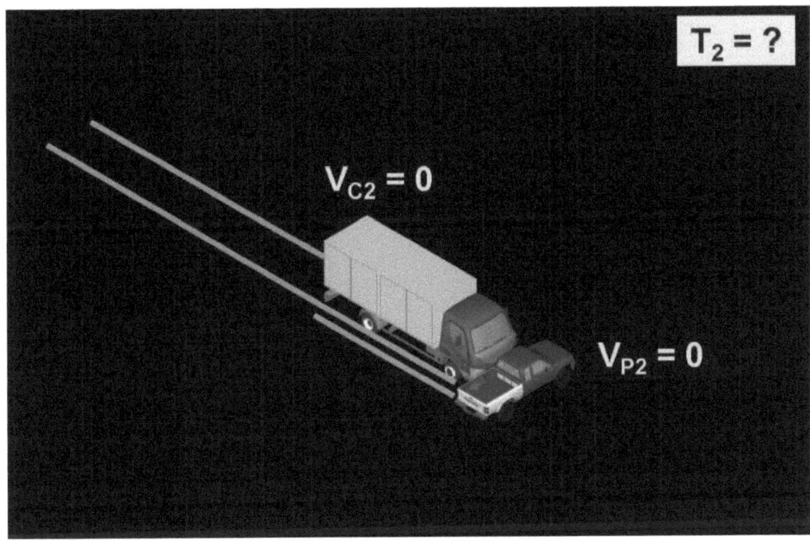

Figura 4.8: T$_2$ - Posiciones Finales en el Accidente

Con este último evento finaliza la secuencia de
eventos que definen la hipótesis que será modelada y
eventualmente validada en los puntos subsiguientes.

4.6   Modelo Matemático

4.6.1 Introducción

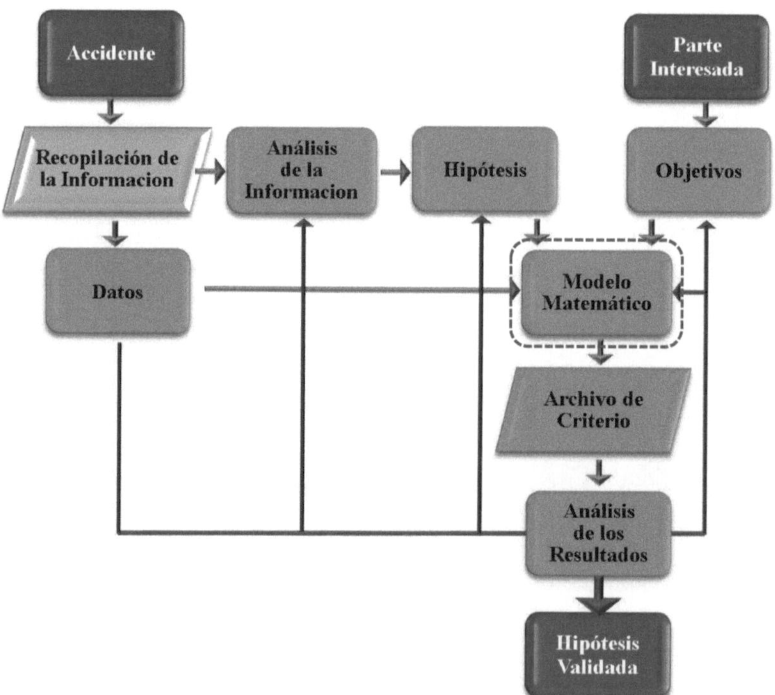

Figura 4.9: Modelo Matemático

A esta altura el proceso, ya estamos en condiciones de elaborar el modelo matemático, que debe reflejar adecuadamente la hipótesis planteada y cumplir con el objetivo establecido.

Las tablas siguientes presentan una síntesis de la secuencia de eventos y sus principales parámetros:

#	EVENTO
0	Inicio del Accidente
0 a 1	Frenado del Camión
~1	Instante Previo al Impacto
1	Impacto
~1	Instante Posterior al Impacto
1 a 2	El Camión Arrastra a la Camioneta
2	Fin del Accidente

Tabla 4.1: Secuencia de Eventos

#	TIEMPO	VELOCIDAD	
		Camión	Pick-up
0	T_0	V_{C0}	$V_{P0} = 0$
0 a 1	$T_0 < T < T_1$	V_{C01}	$V_{P01} = 0$
~1	$\sim T_1$	V_{C1}	$V_{P1} = 0$
1	T_1	$V_{C1} > V > V_1$	$V_{P1} < V < V_1$
~1	$\sim T_1$	V_1	V_1
1 a 2	$T_1 < T < T_2$	$V_{C12} = V_{P12}$	$V_{P12} = V_{C12}$
2	T_2	$V_{C2} = 0$	$V_{P2} = 0$

Tabla 4.2: Secuencia de Eventos y sus Parámetros Principales

Para formular el modelo matemático se usarán los siguientes parámetros:

- Velocidades del Camión:

V_{C0}: al empezar a frenar (T_0)

V_{C01}: durante la trayectoria previa al impacto

V_{C1}: al impactar la camioneta

V_1: al iniciar el arrastre de la camioneta (T_1)

V_{C12}: durante la trayectoria de arrastre

V_{C2}: al finalizar el accidente (T_2)

- Velocidades de la Camioneta (pick-up):

V_{P0}: al inicio del frenado del camión (T_0)

V_{P01}: durante la trayectoria del camión previa al impacto

V_{P1}: al ser impactada

V_1: al iniciar la trayectoria de arrastre (T_1)

V_{P12}: durante la trayectoria de arrastre

V_{P2}: al finalizar el accidente (T_2)

- Masas de los Vehículos:

m_c: masa del camión

m_p: masa de la camioneta

- Coeficientes de Fricción:

f_C: camión-calzada

f_P: camioneta-calzada

- Distancias recorridas desde el:

d_{C01}:   Inicio del frenado hasta el Impacto (camión)

d_{C12}:   Impacto hasta su Detención (camión)

d_{P12}:   Impacto hasta su Detención (camioneta)

d_{12}:   Impacto hasta su Detención (ambos vehiculas)

- Energías de Deformación:

$E_{D(D)}$: Energía de deformación de ambos vehículos calculada en base a los daños.

$E_{D(V)}$: Energía de deformación de ambos vehículos calculada en base a las velocidades.

$E_{\#}$:   Energias cinéticas o de fricción. Los subíndices # representan al vehículo y al evento que corresponden (ver el Punto 4.7).

- Otros:

g: Aceleración de la Gravedad

4.6.2 Definición del Modelo Matemático

Las ecuaciones que gobiernan este accidente se han basado esencialmente en los principios de la conservación de la energía y de la cantidad de movimiento. A continuación, se presentan las ecuaciones correspondientes a cada evento

a) Evento 0 – Inicio del Accidente (T = 0)

Este evento, no tiene una ecuación que lo represente. Tan solo se conoce que el camión se desplazaba a una velocidad denominada V_{C0}, cuyo valor se desconoce y que la pick-up se encontraba detenida, es decir:

$$V_{C0} = ?$$
$$V_{P0} = 0$$

b) Evento 0 a 1 – Frenado del Camión ($T_0 < T < T_1$)

Desde el comienzo hasta la finalización de este evento la pick-up se encontraba detenida, por ello:

$$V_{P0} = V_{P01} = V_{P1} = 0$$

El camión al inicio de este evento contaba con una energía cinética que puede calcularse como:

$$E_{C0} = 0{,}5 \cdot m_C \cdot V_{C0}^2$$

Durante su frenada, el camión perdió parte de su energía cinética, la cual puede ser computada como:

$$E_{C01} = m_C \cdot g \cdot f_C \cdot d_{C01}$$

El camión al finalizar este Evento (es decir inmediatamente antes del impacto) contaba con la siguiente energía cinética:

$$E_{C1(-)} = 0{,}5 \cdot m_C \cdot V_{C1}^2$$

Por el principio de conservación de la energía puede establecerse que el balance energético debe ser nulo, por lo tanto:

$$E_{C0} - E_{C01} - E_{C1(-)} = 0$$

Si bien, el programa computacional requerido, puede realizarse utilizando directamente todas las ecuaciones anteriores, para simplificar y reducir el número de líneas de código, es recomendable consolidar estas ecuaciones en una única ecuación que permite determinar el parámetro requerido en el objetivo:

$$V_{C0} = (V_{C1}{}^2 + 2\,g\,f_C\,d_{C01})^{0,5}$$

c) Evento 1 – Impacto

Para modelizar el impacto entre el camión y la pick-up, puede emplearse el principio de conservación de la cantidad de movimiento, el cual dice que la cantidad de movimiento de los vehículos antes del impacto debe ser igual a la cantidad de movimiento de los mismos después del impacto.

$$m_C \cdot V_{C1} + m_P \cdot V_{P1} = m_C \cdot V_1 + m_P \cdot V_1$$

Reacomodando la expresión previa y como V_{P1} (velocidad de la camioneta previa al impacto) es cero, se obtiene:

$$V_{C1} = (m_C + m_P) \, V_1 / m_C$$

Además, en este evento, pueden también plantearse ecuaciones derivadas del principio de conservación de la energía, ya que las energías previas al impacto deben conservarse luego del mismo.

La energía cinética del sistema un instante anterior al impacto responde a la siguiente ecuación:

$$E_{C1(-)} = 0{,}5 \cdot m_C \cdot V_{C1}^2 \text{ (la camioneta no contribuye)}$$

Como luego del impacto ambos vehículos se acoplan sus velocidades serán iguales, por ello la energía cinética del sistema inmediatamente después del impacto resulta ser:

$$E_{CP1(+)} = 0{,}5 \cdot m_C \cdot V_1^2 + 0{,}5 \cdot m_P \cdot V_1^2$$

Asimismo, durante el impacto también se produce la deformación de los vehículos. En este caso de estudio asumiremos que - a partir del análisis de las eventuales fotografías y de la información relevada durante inspección de los vehículos - el camión no presenta deformaciones significativas, pero si la pick-up. En base a estas deformaciones y utilizando los correspondientes coeficientes de rigidez puede calcularse que la energía perdida en deformaciones durante el impacto ha sido:

$$E_{D(D)E} = 255 \text{ kNm}$$

Con el propósito de ofrecer una guía práctica para la reconstrucción de accidentes, este capítulo se enfoca en los aspectos fundamentales de la metodología eficiente, dejando de lado cálculos más detallados como el de la energía disipada en deformaciones.

Como la energía debe conservarse durante este evento, la ecuación correspondiente será:

$$E_{C1(-)} - E_{CP1(+)} - E_{D(D)} = 0$$

En este caso también es posible implementar el código utilizando todas las ecuaciones presentadas, pero para simplificarlo y mejorar su eficiencia, se las ha condensado en una única ecuación:

$$E_{D(V)} = 0,5 \ m_C \ V_{C1}^{2} - 0,5 \ (m_C + m_P) \ V_1^{2}$$

Los valores de ED(V) y de ED(D) deberían ser iguales ya que representan a un mismo fenómeno físico, pero que han sido calculados por dos metodologías diferentes.

d) Evento 1 a 2 – El Camión arrastra a la Camioneta

Durante este evento ambos vehículos se desplazan como una masa única, por ello sus velocidades serán iguales:

$$V_{P12} = V_{C12} = V_{12}$$

Durante este evento ambos vehículos se desplazaron la misma distancia:

$$d_{P12} = d_{C12} = d_{12}$$

Como se ha expresado previamente la energía cinética del sistema al inicio de este evento (inmediatamente después del impacto) es:

$$E_{CP1(+)} = 0{,}5\ m_C \cdot V_1^2 + 0{,}5\ m_P \cdot V_1^2$$

Debido al frenado durante este evento el camión perdió la siguiente cantidad de energía:

$$E_{C12} = m_C \cdot g \cdot f_C \cdot d_{12}$$

Debido a su arrastre la pick-up perdió la siguiente cantidad de energía:

$$E_{P12} = m_P \cdot g \cdot f_P \cdot d_{12}$$

Al finalizar el evento ambos vehículos quedaron detenidos, consecuentemente su energía cinética era cero. Con esta consideración y atento al principio de conservación de la energía puede establecerse que:

$$E_{CP1(+)} - E_{C12} - E_{P12} = 0$$

Si bien en este caso también podría programarse utilizando todas las ecuaciones anteriores, para simplificar el código, se ha trabajado con estas ecuaciones para obtener una única ecuación:

$$V_1 = [2\,g\,d_{12}\,(m_C\,f_C + m_P\,f_P)\,/\,(m_C + m_P)]^{0,5}$$

e) Evento # 2 – Fin del Accidente

Este evento, no tiene una ecuación que lo represente. Tan solo se conoce que ambos vehículos llegan a su posición final de reposo, por ello:

$$V_{C2} = 0$$
$$V_{P2} = 0$$

4.7   Preparación para la Resolución

1) <u>Identificar los datos duros</u>

Se asumen conocidos con una incerteza mínima a:

g: **9,81** m/s^2

m_P: **1930** kg (masa en orden de marcha obtenido del manual del usuario al que se le ha sumado la masa del conductor)

2) <u>Identificar las variables de diseño</u>, las cuales son aquellas cuyo valor no conocemos exactamente ($x_\#$).

Entre las variables de diseño que han sido identificadas, se encuentran los coeficientes de fricción entre los vehículos y la calzada (f_C y f_P), ya que, si bien se dispone de un valor estadístico, se desconocen los valores exactos para este caso. También se incluyen las distancias recorridas por los vehículos (d_{C01} y d_{12}) evidenciadas a través de las huellas en el pavimento. Si bien estas están definidas en la pericia policial, se asumen que pueden llegar a tener algún error de medición.

Por último, se incluye a la masa del camión. Si bien se conoce su modelo, se asume que en la información relevada no se encontraba definida la masa de la carga transportada, por ello, el experto no está en condiciones de proponer un valor estimado razonable.

3) <u>Rango de valores para las Variables de Diseño.</u>

Para cada una de estas variables se establece un valor mínimo y un valor máximo razonable a criterio del experto, asimismo se incorpora el paso correspondiente, el cual puede ser tan refinado como sea posible manejar en nuestra computadora. La recomendación es todas las combinaciones que se generen durante el proceso no superen el valor de 30.000 para que las corridas sean dinámicas y los archivos de criterio no sean tan extensos. Si la solución factible encontrada fuera muy sensible a alguna de las variables de diseño, puede generarse, luego de analizar el archivo de criterio, un nuevo proceso iterativo reduciendo el paso, así como el rango.

Variable de Diseño	Valor Mínimo	Valor Máximo	Paso
f_C	0,40	0,80	0,02
f_P	0,40	0,80	0,02
d_{C01}	29 m	31 m	0,5 m
d_{12}	13 m	15 m	0,5 m
m_C	3200 kg	8200 kg	500 kg

Tabla 4.3: Variables de Diseño a Considerar

4) <u>Ordenamiento de las ecuaciones</u>:

A continuación, se transcriben las ecuaciones presentadas en los puntos anteriores, pero ordenadas en una secuencia tal que todas las variables queden en función de parámetros conocidos o ya determinados:

$$V_1 = [2 \, g \, d_{12} \, (m_C \, f_C + m_P \, f_P) / (m_C + m_P)]^{0,5}$$

$$V_{C1} = (m_C + m_P) \, V_1 / m_C$$

$$V_{C0} = (V_{C1}^2 + 2 \, g \, f_C \, d_{C01})^{0,5}$$

$$E_{D(V)} = 0,5 \, m_C \, V_{C1}^2 - 0,5 \, (m_C + m_P) \, V_1^2$$

5) <u>Generar condiciones de factibilidad</u>:

En este caso, se puede establecer que la energía de deformación calculada en base a las deformaciones de los vehículos ($E_{D(D)}$) debería coincidir con el valor obtenido según el principio de conservación de la energía aplicado en el momento del impacto ($E_{D(V)}$). Dado que la energía estimada a partir de las deformaciones puede ser imprecisa, se considerará válida una solución si se encuentra dentro de un rango del 5% por encima o por debajo del valor esperado.

$$0{,}95 \cdot E_{D(D)E} \leq E_{D\,(V)} \leq 1{,}05 \cdot E_{D\,(D)E}$$

Como la $E_{D(D)E}$ fue calculada en 255 kNm la inecuación previa puede escribirse como:

$$\boxed{242 \text{ kNm} \leq E_{D(V)} \leq 268 \text{ kNm}}$$

6) <u>Funcional</u>:

El funcional incorporado al modelo matemático trata de minimizar los errores entre los valores esperados, definidos según el criterio del experto, y los valores obtenidos mediante la resolución del modelo matemático.

Variable	Valor según Criterio
f_{CE}	0,6
f_{PE}	0,6
d_{C01E}	30 m
d_{12E}	14 m
$E_{D(D)E}$	255 kNm
m_{CE}	3200 a 8200 kg

Tabla 4.4: Valores Esperados por el Experto

Por lo tanto, el funcional de errores a ser minimizado, en la iteración *i-ésima* tendrá la siguiente forma:

$$Z = [(f_{Ci} - f_{CE}) / f_{CE}]^2 + [(f_{Pi} - f_{PE}) / f_{PE}]^2 + \\ + [(d_{C01i} - d_{C01E}) / d_{C01E}]^2 + [(d_{12i} - d_{12E}) / d_{12E}]^2 \\ + ((E_{D(V)i} - E_{D(D)E}) / E_{D(D)E})^{\wedge 2}$$

4.8   Programación

Se procede a programar el modelo matemático en base a lo indicado en los siete ítems del Punto 3.3.3. obteniéndose el código que puede visualizarse en el Anexo A: Programa de Cálculo.

A partir de la ejecución de este software pudo obtenerse el correspondiente Archivo de Criterio, cuyas mejores soluciones factibles se presentan a continuación:

Error	V_{C0}	V_{C1}	V_1	$E_{D(V)}$	f_C	f_P	d_{C01}	d_{12}	mc
0.000	100.3	74.1	46.2	255	0.60	0.60	30.0	14.0	3200
0.000	99.9	74.1	46.2	255	0.60	0.60	29.5	14.0	3200
0.000	100.7	74.1	46.2	255	0.60	0.60	30.5	14.0	3200

Tabla 4.5: Archivo de Criterio – Mejores Soluciones Factibles

NOTA: Si al ejecutar el programa no se encontraran soluciones, en primer lugar, se deben revisar las líneas del código. Si estas fueran correctas, se debe examinar el programa en forma integral. Si el problema no se encontrara allí, es necesario revisar los datos, tanto los valores duros como los correspondientes a las variables de diseño. Si aún no se obtuvieran soluciones, la hipótesis debe ser descartada o reformulada, y el proceso reiniciado desde el punto que el experto identifique como el más adecuado.

4.9 Análisis de los Resultados

El análisis del archivo de criterio consiste en analizar la consistencia de los resultados obtenidos en base a las expectativas (criterio) del Experto. A continuación, se describen los pasos recomendados para llevar a cabo dicho análisis.

- Verificación del Rango

La primera verificación a realizar es chequear que las Variables de Diseño, determinadas por el programa, se encuentren dentro del rango preestablecido.

Variable de Diseño	Valor Mínimo	Valor Máximo	Resultado
f_C	0,40	0,80	**0,60**
f_P	0,40	0,80	**0,60**
d_{C01}	29 m	31 m	**30 m**
d_{12}	13 m	15 m	**14 m**

Tabla 4.6: Resultados de las Variables de Diseño Vs. su Rango

En este caso se observa que las variables de diseño se encuentran todas dentro del rango preestablecido. Si alguna hubiera quedado en un extremo, deberá extenderse su rango y realizar una nueva corrida para obtener un archivo de criterio actualizado. Este proceso debe repetirse hasta tanto se cumpla la condición mencionada.

Entre los resultados obtenidos también se encuentran los valores de la masa del camión:

Variable de Diseño	Valor Mínimo	Valor Máximo	Resultado
m_C	3200 kg	8200 kg	**3200 kg**

Tabla 4.7: Resultados de m_C Vs. su Rango

Esta variable es un caso especial porque, aunque se encuentra en el extremo de su rango, los extremos son datos confiables: representan el camión tanto en su estado descargado como a plena carga. Por lo tanto, no es necesario ampliar el rango, ya que el valor obtenido es el mínimo físicamente posible.

- Verificación de Consistencia

En este paso debe verificarse en qué medida los resultados coinciden con el criterio del experto:

Variable de Diseño	Valor Esperado según Criterio	Resultado
f_C	0,6	**0,60**
f_P	0,6	**0,60**
d_{C01}	30 m	**30 m**
d_{12}	14 m	**14 m**
$E_{D(D)}$	255 kNm ($E_{D(D)E}$)	**255 kNm** ($E_{D(V)}$)

Tabla 4.8: Valores Esperados de las Variables Vs. Resultados

En el caso de estudio analizado la coincidencia ha sido total, situación favorecida de algún modo por el hecho de que se han minimizado los errores entre el valor definido según el criterio del experto y el resultado obtenido mediante el software, presentado en el archivo de criterio.

Si estos valores no coincidieran, queda a criterio del experto tomar la denominada "Decisión Satisfactoria", la cual dependerá de las variables que presenten discrepancias. A fin de clarificar este tratamiento, podría considerarse que el coeficiente de fricción determinado para ambos vehículos resultó demasiado bajo respecto de las expectativas del experto. Estos valores podrían estar indicando que la calzada se encontraba mojada o contaminada. En consecuencia, el experto deberá tratar de confirmar este resultado analítico con la realidad, consultando, por ejemplo, al servicio meteorológico o a los conductores y testigos, para posteriormente actuar en función de esta nueva información.

- Ídentificaciones Adicionales

La solución óptima, que presenta el menor margen de error, confirma los valores estimados para los coeficientes de fricción, las distancias recorridas por los vehículos y la energía de deformación. Sin embargo, al plantear el problema, el experto no conocía la masa de la carga del camión ni, por ende, la masa total del mismo, consecuentemente no disponía de un valor estimado de las mismas. Por esta razón, se analizó el comportamiento del sistema considerando un rango de variación de la masa del camión, desde la condición sin carga hasta la de plena carga.

El mejor resultado indica que la masa total del camión, al momento del accidente, debió ser de 3200 kg, lo cual indica claramente que el camión debió estar descargado. Consecuentemente, a partir del análisis del archivo de criterio, se concluye que, para que el camión haya mostrado el comportamiento observado en el accidente, debía estar circulando sin carga.

Con esta información, el experto debe proceder a verificar la exactitud de esta conclusión, utilizando métodos como pueden ser: consultar al conductor, entrevistar testigos o revisar la documentación del camión, con el fin de validar la hipótesis propuesta. Si estas averiguaciones revelaran que el camión se encontraba cargado a media capacidad (por ejemplo, el peso total a considerar debió ser de 5300 kg), se incorporará esta nueva información y se reiniciará el proceso para encontrar el nuevo conjunto de soluciones factibles, mostrado en la Tabla 4.9.

Error	V_{C0}	V_{C1}	V_1	$E_{D(V)}$	f_C	f_P	d_{C01}	d_{12}	m_C
0.011	*96.7*	*66.8*	*49.0*	*244*	*0.64*	*0.60*	*30.0*	***15.0***	*5300*
0.012	96.3	66.8	49.0	244	0.64	0.60	29.5	15.0	5300
0.012	97.1	66.8	49.0	244	0.64	0.60	30.5	15.0	5300

Tabla 4.9: Archivo de Criterio – Masa del camión de 5300 kg

Del análisis de esta nueva matriz puede identificarse que el valor de la distancia recorrida post impacto corresponde al límite superior de sur rango, consecuentemente debería ser extendido y realizar una nueva iteración, repitiendo el proceso tantas veces como fuera necesario hasta poder validar la hipótesis.

En síntesis, el experto evaluará exhaustivamente todos los resultados obtenidos y, en función de su juicio profesional, tomará la decisión satisfactoria. Cuando los resultados resulten completamente consistentes con la información disponible y su criterio experto, la hipótesis será aceptada como la más probable explicación de los hechos; de lo contrario, deberá ser descartada o al menos reformulada, reiniciándose un nuevo ciclo desde el punto que se estime más apropiado (por ejemplo, requiriendo información adicional o más precisa; analizando dicha información desde otro enfoque, redefiniendo los parámetros de interés, las hipótesis, los objetivos y/o el modelo matemático).

4.10 Hipótesis Validada

El proceso descrito en este ejemplo se repetirá de manera iterativa hasta encontrar una solución en la que los datos utilizados - tras un adecuado proceso de convergencia - sean totalmente consistentes con la evidencia disponible y el criterio del experto. De este modo, se confirmará la hipótesis planteada y se obtendrán los valores de los parámetros buscados.

En este caso de estudio, como los resultados obtenidos en la Tabla 4.5 (tras haberse confirmado que camión se encontraba descargado) resultan totalmente compatibles con la información disponible y con el criterio del experto, puede considerarse que la secuencia de eventos definidos en la hipótesis es correcta, y por lo tanto podemos decir que la misma ha sido validada y resulta ser la mejor representación de los hechos sucedidos durante el accidente.

Asimismo, en este ejemplo se ha cumplido con el objetivo establecido por la Parte Interesada, que consistía en determinar la velocidad del camión a fin de verificar si excedía los límites permitidos.

CONCLUSION: el camión circulaba a 100 km/h, por ello resulta evidente que excedía significativamente el límite de velocidad para camiones (80 km/h). Esta infracción representa un factor de riesgo significativo que contribuyó de manera determinante a la dinámica del accidente y a la gravedad de sus consecuencias.

4.11 Otros Tratamientos

Dado el interés recurrente de las partes involucradas en conocer la velocidad máxima o mínima de los vehículos implicados en un accidente, se ha dedicado un apartado específico (Anexo C: Otros Tratamientos) para abordar esta cuestión.

4.12 Comentarios Finales

La amplia gama de variables que influyen en un accidente hace que sea inviable prever en este texto todas las posibles combinaciones. Por esta razón, el archivo de resultados, denominado 'Archivo de Criterio', está diseñado para ser complementado con el juicio experto, a fin de garantizar la validez de sus conclusiones.

En síntesis, la reconstrucción de un accidente demanda un enfoque holístico que integre la experiencia del experto con los resultados cuantitativos proporcionados por el modelo matemático. Por ello la sinergia propuesta en la metodología descrita en este texto es indispensable para obtener una representación realista y científicamente fundamentada del evento.

5

CONCLUSIONES

5.1 Metodología Innovadora

Esta metodología ofrece una nueva perspectiva para la reconstrucción de accidentes de tránsito, combinando el conocimiento experto con modelos matemáticos simplificados. A través de un proceso iterativo, se obtienen soluciones precisas y confiables, evitando la subjetividad inherente a los métodos tradicionales.

5.2 Enfoque Versátil y Múltiples Aplicaciones

La versatilidad de esta metodología la ha llevado a ser aplicada en diversos campos, desde la ingeniería espacial hasta la industria alimentaria. Su capacidad para resolver problemas complejos y optimizar sistemas o procesos ha sido demostrada en numerosas ocasiones. Entre otras, se ha utilizado para:

- Minimizar la masa de estructuras satelitales
- Minimizar las masas de balanceo de un satélite.
- Optimizar la producción de vidrios
- Mejorar la eficiencia en los procesos de producción de alimentos

5.3 Caso de Estudio

Para ilustrar la aplicación de esta metodología, se ha presentado ejemplo práctico, el cual, por su simplicidad, podría haberse resuelto en forma analítica, pero su principal objetivo ha sido el de mostrar en forma ejecutiva cómo se implementa la metodología propuesta, destacándose su eficacia y su capacidad para abordar problemas mucho más complejos sin grandes esfuerzos adicionales.

5.4   El rol del Experto y el Archivo de Criterio

El experto juega un papel fundamental en este proceso, definiendo el modelo matemático, los rangos de las variables de diseño y analizando los resultados y tomado las denominadas decisiones satisfactorias, la cual procede de la combinación entre su expertise y los resultados obtenidos mediante el modelo matemático, los cuales son presentados en el denominado Archivo de Criterio. Esta metodología que combina la solución matemática con el criterio del experto resulta ideal ya que a través de un proceso iterativo se van respondiendo a los interrogantes que se evidencian al analizar el archivo de criterio, por ello resulta excelente para detectar inconsistencias y explorar múltiples escenarios.

5.5 Prestaciones Principales

- Precisión: Los modelos matemáticos garantizan resultados precisos y objetivos.

- Versatilidad: La metodología puede adaptarse a una amplia gama de problemas simples o complejos.

- Objetividad: Reduce la dependencia de la subjetividad del experto.

- Eficiencia: Representada por la suma de los ítems anteriores y al hecho de que permite obtener soluciones rápidamente, aun en casos complejos.

5.6 Resumen

Esta metodología innovadora representa un avance significativo en la reconstrucción de accidentes de tránsito. Su enfoque versátil y su capacidad para resolver problemas complejos la convierten en una herramienta valiosa para diversas funciones, y en especial la reconstrucción de accidentes de tránsito.

ANEXOS

A.

PROGRAMA DE CALCULO

A.1 Introducción

Dado su carácter intuitivo y su acceso libre, QBasic/QB64 ha sido la herramienta elegida para la implementación del algoritmo propuesto. No obstante, debido a su simpleza, puede replicarse fácilmente en otros entornos de programación o incluso en planillas de cálculo como ser Excel.

Asimismo, la simplicidad del algoritmo y la estructuración del código permiten adaptarlos fácilmente para modelar y resolver cualquier otro tipo de accidente de tránsito.

A.2 Código

A continuación, se presenta el código implementado en la primera iteración del caso de estudio (ver Punto 4.9):

```
'CASO de ESTUDIO.bas
'Todas las unidades no especificadas corresponden al Sistema Internacional

Dim Mat(38000, 10) 'Definición del tamaño de la matriz de soluciones


'INGRESO DE DATOS ************************************************


' Datos Duros ---------------------------------------------------------------
g =      9.81     'aceleración de la gravedad
mp =     1930     'masa de la pick up - masa en orden de marcha

'Valores Esperados ---------------------------------------------------------
EDDE = 255000 'energía consumida en la deformación de los vehículos
fcE =    0.6 'valor esperado del factor de fricción camión - pavimento
fpE =    0.6 'valor esperado del factor de fricción pick up - pavimento
dc01E = 30 'valor esperado de la distancia de frenado del camión pre impacto
d12E =  14 'valor esperado de la distancia de frenado del conjunto camión -
           pick up luego del impacto

' Puesta a Cero del Contador de Soluciones Factibles ---------------------
Cont = 0

'FIN DE INGRESO DE DATOS *********************************
```

```vb
' INICIO DEL PROCESO ITERATIVO ***************************
For fc = fcE - .2 To fcE + .2 Step .02
   For fp = fpE - .2 To fpE + .2 Step .02
      For dc01 = dc01E - 1 To dc01E + 1 Step .5
         For d12 = d12E - 1 To d12E + 1 Step .5
            For mc = 3200 To 8200 Step 500

               ' Calculo de las Variables Dependientes ----------------
               V1 = (2 * g * d12 * (mc * fc + mp * fp) / (mc + mp)) ^ 0.5
               Vc1 = (mc + mp) * V1 / mc
               Vc0 = (Vc1 ^ 2 + 2 * g * fc * dc01) ^ 0.5
               EDV = 0.5 * mc * Vc1 ^ 2 - 0.5 * (mc + mp) * V1 ^ 2

               ' Selección de las Soluciones Factibles ----------------
               If EDV < 0.95 * EDDE Or EDV > 1.05 * EDDE Then
               Else

                  ' Incremento en el Contador de Soluciones Factibles -------
                  Cont = Cont + 1

                  ' Calculo del valor del Funcional -------------------------
                  Z = ((fcE - fc) / fcE) ^ 2 + ((fpE - fp) / fpE) ^ 2 + ((dc01E -
                  dc01) / dc01E) ^ 2 + ((d12E - d12) / d12E) ^ 2 + ((EDDE -
                  EDV) / EDDE) ^ 2

                  ' Almacenado de Soluciones Factibles -------------------------
                  Mat(Cont, 1) = Z
                  Mat(Cont, 2) = Vc0
                  Mat(Cont, 3) = Vc1
                  Mat(Cont, 4) = V1
                  Mat(Cont, 5) = EDV
                  Mat(Cont, 6) = fc
                  Mat(Cont, 7) = fp
                  Mat(Cont, 8) = dc01
                  Mat(Cont, 9) = d12
                  Mat(Cont, 10) = mc
               End If

            Next mc
         Next d12
      Next dc01
   Next fp
Next fc
' FIN DEL PROCESO ITERATIVO *******************************
```

```
'ORDENAMIENTO SEGUN Z (Funcional) ************************
For I = 1 To Cont - 1
    For J = I To Cont
        If Mat(I, 1) > Mat(J, 1) Then
            For K = 1 To 10
                AUX = Mat(I, K)
                Mat(I, K) = Mat(J, K)
                Mat(J, K) = AUX
            Next K
        Else
        End If
    Next J
Next I
'FIN DEL ORDENAMIENTO SEGUN Z  *************************

'CREACION Y GRABADO DEL ARCHIVO DE CRITERIO  ********
Open "Archivo de Criterio.OUT" For Output As #1

' Impresión de los Datos Principales --------------------------------------------------
Print #1, "CASO de ESTUDIO"
Print #1, "Masa de la Pick Up [kg] =                          "; mp
Print #1, "Masa del Camion [kg] =                          de 3200 a 8200"
Print #1, "Energia de Deformacion [kNm] =                          ";EDDE/1000
Print #1, "Factor de Friccion Esperado (camion) [ ] =      "; fcE
Print #1, "Factor de Friccion Espedado (pick up) [ ] =      "; fpE
Print #1, "Distancia de Frenado pre-impacto Esperada [m] =   "; dc01E
Print #1, "Distancia de Frenado post-impacto Esperada [m] = "; d12E

' Impresion de las Soluciones Factibles -------------------------------------------------
Print #1,"Error  Vc0[km/h]  Vc1[km/h]  V1[km/h] EDV[kNm]  fc  fp  dc01  d12  mc"

For I = 1 To 60
    cohtador = contador + 1
    Print #1, Using "######.###"; Mat(I, 1) * 1;
    Print #1, Using "########.#"; Mat(I, 2) * 3.6; Mat(I, 3) * 3.6; Mat(I, 4) * 3.6;
    Print #1, Using "##########"; Mat(I, 5) / 1000;
    Print #1, Using "#######.##"; Mat(I, 6); Mat(I, 7);
    Print #1, Using "########.#"; Mat(I, 8); Mat(I, 9);
    Print #1, Using "##########"; Mat(I, 10)
Next I
Close (1)
'CIERRE DEL ARCHIVO DE CRITERIO ************************

End
```

B.

SOLUCIÓN CONVENCIONAL VS. METODOLOGÍA PROPUESTA

B.1 Solución Convencional

El sistema de ecuaciones a resolver es obviamente el mismo presentado en el Punto 4.7:

$$V_1 = [2 \, g \, d_{12} \, (m_C \, f_C + m_P \, f_P) \, / \, (m_C + m_P)]^{0,5}$$
$$V_{C1} = (m_C + m_P) \, V_1 \, / \, m_C$$
$$V_{C0} = (V_{C1}^{\;2} + 2 \, g \, f_C \, d_{C01})^{0,5}$$
$$E_{D(V)} = 0{,}5 \, m_C \, V_{C1}^{\;2} - 0{,}5 \, (m_C + m_P) \, V_1^{\;2}$$

La solución típica es tomar las tres ecuaciones correspondientes a V_{C0}; V_{C1} y V_1 y asumir que las variables más simples (f_C / f_P / m_C / m_P) y dos de las variables obtenidas del accidente (d_{12} y d_{C01}) son conocidas. Como estas variables suelen tener incertidumbres (máxime en el caso del camión si se desconocía su estado de carga), pueden llevar a generar una solución inapropiada. Por ello si bien tenemos tres ecuaciones y tres incógnitas (las velocidades) la solución puede llegar a ser inconsistente, ya que al calcularse la energía de deformación en base a las velocidades $E_{D(V)}$ determinadas mediante la cuarta ecuación, usualmente no coincide con la energía de deformación determinada en base a los daños $E_{D(D)}$ de los vehículos.

Las ecuaciones del sistema a resolver serian:

$$V_1 = [2\,g\,d_{12}\,(m_C\,f_C + m_P\,f_P) / (m_C + m_P)]^{\,0,5} \quad \Rightarrow \quad V_1$$

$$V_{C1} = (m_C + m_P)\,V_1 / m_C \quad \Rightarrow \quad V_{C1}$$

$$V_{C0} = (V_{C1}^{\,2} + 2\,g\,f_C\,d_{C01})^{\,0,5} \quad \Rightarrow \quad V_{C0}$$

Como es un sistema de 3 ecuaciones con 3 incógnitas pueden determinarse V_1 V_{C1} y V_{C0}.

En base a V_{C1} y V_1 puede calcularse la Energía que debió consumirse en las deformaciones durante el impacto:

$$E_{D(V)} = 0{,}5 \; m_C \; V_{C1}^{\;2} - 0{,}5 \; (m_C + m_P) \; V_1^{\;2}$$

Con la ecuación que corresponde a $E_{D(V)}$ se puede determinar la energía que debería haberse disipado en el accidente, pero esta energía debería ser igual a la que se produce en las deformaciones del camión y de la camioneta. Esta igualdad, en general no suele lograrse y es practica corriente ajustar los parámetros manualmente (en forma artesanal) para tratar de conseguir una reconstrucción consistente.

B.2   Metodología Propuesta

Para evitar ese trabajo manual - el cual la mayoría de los casos reales tan solo permite obtener una consistencia aproximada ya que deben manejarse simultáneamente muchas variables y ecuaciones - este trabajo propone una metodología matemática que permite, con rigor científico, obtener los mejores resultados posibles en base a la información disponible.

La solución propuesta, para resolver estas incertidumbres, está basada en concepto de optimización discreta, el cual consiste en plantear las mismas ecuaciones que corresponden al modelo matemático, pero ahora f_C; f_P; d_{12} y d_{C01} a las que se le suma mc por desconocerse la cantidad de carga del camión, serán variables independientes o de diseño ($\mathbf{X}$). Estas serán variadas dentro de un rango definido por el experto en función de las características propias del problema analizado, y con ellas serán determinadas las variables dependientes ($\mathbf{Y}$).

Esta metodología, requiere la inclusión de un funcional, que en este problema ha sido establecido como una ecuación de error, definida en base los errores que aparecen entre los valores esperados/ estimados según el criterio del experto y los calculados para cada combinación de variables de diseño. Las soluciones factibles serán almacenadas en un archivo denominado "archivo de criterio", el cual presentará en forma ordenada los resultados obtenidos (comenzado por las combinaciones que generan los menores errores).

El experto analizará el archivo de criterio y tomará las denominadas soluciones satisfactorias, comenzando un proceso iterativo que finaliza cuando todos los resultados obtenidos son consistentes con toda la información disponible y el criterio del experto.

C.

OTROS TRATAMIENTOS

C.1 Introducción

Con frecuencia las partes desean conocer cual pudo ser la máxima o la mínima velocidad de uno de los vehículos que protagonizó un accidente,

Una estrategia simple para abordar este tipo de solicitudes consiste en ordenar las soluciones obtenidas en base a la velocidad de interés, en lugar de priorizar la minimización del error. Es importante destacar que, al priorizar una variable específica, se está aceptando un mayor margen de error en otras variables del modelo.

C.2 Velocidades Mínimas

Para poder ordenar el archivo de criterio en función de las velocidades de menor a mayor, solo es necesario realizar un ligero cambio en la rutina de ordenamiento. Debe reemplazarse el número de columna asociado al funcional por el número correspondiente a la columna de interés (en el caso de estudio debe cambiarse el 1 por un 2 en la línea del *If*). Este simple cambio en el índice de la matriz permitirá obtener la lista de soluciones ordenada según la velocidad deseada.

```
'ORDENAMIENTO SEGUN Z (funcional) ***********************
For I = 1 To Cont - 1
  For J = I To Cont
    If Mat(I, 1) > Mat(J, 1) Then
    If Mat(I, 2) > Mat(J, 2) Then
    For K = 1 To 10
     AUX = Mat(I, K)
     Mat(I, K) = Mat(J, K)
     Mat(J, K) = AUX
    Next K
    Else
    End If
  Next J
Next I
'FIN DEL ORDENAMIENTO SEGUN Z **************************
```

Tras realizar este cambio se obtiene:

Error	V_{C0}	V_{C1}	V_1	$E_{D(V)}$	f_C	f_P	d_{C01}	d_{12}	m_C
0.227	*90.4*	*72.2*	*45.1*	*242*	***0.40***	***0.80***	*29.0*	*14.5*	*3200*
0.190	90.5	72.4	45.2	244	0.40	0.76	29.0	15.0	3200
0.226	90.6	72.2	45.1	242	0.40	0.80	29.5	14.5	3200

Tabla C.1: Archivo de Criterio – Velocidades Mínimas de V_{C0}

Al analizar el archivo, se evidencia que, para alcanzar la velocidad mínima, el coeficiente de fricción entre el camión y la calzada debió ser de 0.4 (límite inferior del rango analizado), mientras que el coeficiente de fricción de la pick-up debió ser de 0.8 (límite superior). El error en estas condiciones es significativamente mayor que el de la solución identificada en el Capítulo 4. Para obtener resultados más fiables, se deben extender los rangos de estas variables para evitar que se encuentren en sus extremos. Sin embargo, para simplificar el análisis, asumiremos que los valores de la Tabla C.1 se mantendrán incluso después de extender los rangos. En estas condiciones, se puede concluir que el bajo coeficiente de fricción camión-calzada implica condiciones de adherencia muy pobres, posiblemente debido a frenos defectuosos o a un pavimento extremadamente resbaladizo, pero como ambos circulaban sobre el mismo pavimento, en principio no resulta consistente una calzada resbaladiza con un alto coeficiente de fricción como el de la pick-up, por ello la decisión satisfactoria en este caso podría consistir en verificar la eficacia de los frenos del camión y realizar una determinación experimental del coeficiente de fricción en la zona del accidente. Una vez obtenida esta información se debería realizar una nueva iteración con estos datos, continuando el proceso recomendado.

En este caso particular, podría no ser necesario realizar un nuevo ciclo luego de realizar las averiguaciones planteadas ya que aún en condiciones extremas, la velocidad del camión determinada fue de 90.4 km/h, la cual es superior al límite máximo de 80 km/h. Sin embargo, el experto deberá evaluar si los beneficios de obtener resultados más precisos justifican el costo y el tiempo asociados a una nueva iteración que implique la recopilación de datos adicionales.

C.3 Velocidades Máximas

Para ordenar el archivo de criterio por velocidades de mayor a menor, basta con realizar un pequeño ajuste en la rutina de ordenamiento. Solo es necesario reemplazar el número de columna que indica el criterio de ordenación. En lugar de utilizar la columna 1 (funcional), se empleará la columna 2 (velocidad VC0). Además, se cambiará el signo de comparación en la condición *If* del bucle de ordenamiento de ">" a "<". Estos cambios sencillos permitirán obtener el ordenamiento deseado:

```
'ORDENAMIENTO SEGUN Z (funcional) ***********************
For I = 1 To Cont - 1
  For J = I To Cont
  If Mat(I, 1) > Mat(J, 1) Then
  If Mat(I, 2) < Mat(J, 2) Then
  For K = 1 To 10
   AUX = Mat(I, K)
   Mat(I, K) = Mat(J, K)
   Mat(J, K) = AUX
  Next K
  Else
  End If
  Next J
Next I
'FIN DEL ORDENAMIENTO SEGUN Z ***************************
```

Al ejecutar el programa, en el cual se han introducido las modificaciones mencionadas, se obtiene:

Error	V_{C0}	V_{C1}	V_1	$E_{D(V)}$	f_C	f_P	d_{C01}	d_{12}	m_C
0.227	*109.7*	*75.7*	*47.2*	*266*	*0.80*	*0.40*	*31.0*	*13.5*	*3200*
0.173	109.6	75.6	47.1	265	0.80	0.46	31.0	13.0	3200
0.189	109.3	75.1	46.9	262	0.80	0.44	31.0	13.0	3200

Tabla C.2: Archivo de Criterio – Velocidades Máximas de V_{C0}

Al analizar estos datos, se destaca que, para alcanzar la velocidad máxima calculada, es necesario que los coeficientes de fricción alcancen nuevamente los límites de sus rangos, aunque esta vez invertidos (0.8 para el camión y 0.4 para la pick-up). Se observa que el error asociado a esta solución es considerablemente mayor que el obtenido en el Capítulo 4. Al igual que en el punto anterior, la solución satisfactoria implica conocer la eficiencia de frenado del camión y los coeficientes de fricción entre los vehículos y el pavimento. Con esta información, se podrá continuar con el proceso iterativo.

C.4 Comentarios

En este punto, se ha esbozado la forma de proceder cuando se pretende determinar valores mínimos o máximos de un parámetro que no es el funcional. Aunque se ha propuesto un enfoque específico, no se han cubierto todas las posibles alternativas que el experto podría considerar en función de su criterio y conocimiento del accidente. Este enfoque ha sido elegido porque el objetivo principal de este capítulo, ha sido el de presentar la metodología, sin profundizar en todos los posibles detalles.

Finalmente, es importante destacar que los resultados obtenidos muestran que, bajo todas las condiciones analizadas, y especialmente en la condición de velocidad mínima, el camión siempre superó el límite de velocidad establecido de 80 km/h respondiendo al interrogante planteado en el Objetivo definido en el Punto 4.2

REFERENCIAS

[1] Roggero, E. (2024). Reconstrucción Eficiente de Accidentes de Tránsito. AJEA. Núm. 34/2024: 4to Congreso sobre Medios de Transporte y Tecnologías Asociadas. ISBN: 978-950-42-0238-7

[2] Aycock, E. (2015). Accident Reconstruction Fundamentals: A Guide to Understanding Vehicle Collisions. Speakeasy Marketing, Inc. ISBN 13: 9781941645246

[3] Roggero, E. (2010). La Reconstrucción de Accidentes de Tránsito - Breve Reseña Metodológica. Consejo Profesional de Ingeniería Mecánica y Electricista. COPIME - La Revista. ISSN 1668-5857

[4] Roggero, E. (2010). La Reconstrucción de Accidentes de Tránsito - Metodología y Ejemplo de Aplicación. Consejo Profesional de Ingeniería Mecánica y Electricista. Anales del evento: COPIME - Congresos del Bicentenario.

[5] Roggero, E. Cerocchi, M. (2007). Experiencia Artificial - Aplicación al Diseño de Estructuras Espaciales. AATE. Anales del IV Congreso Argentino de Tecnología Espacial.

yes
I want morebooks!

Buy your books fast and straightforward online - at one of world's fastest growing online book stores! Environmentally sound due to Print-on-Demand technologies.

Buy your books online at
www.morebooks.shop

¡Compre sus libros rápido y directo en internet, en una de las librerías en línea con mayor crecimiento en el mundo! Producción que protege el medio ambiente a través de las tecnologías de impresión bajo demanda.

Compre sus libros online en
www.morebooks.shop

Printed by Books on Demand GmbH, Norderstedt / Germany